CenterBrain Thinking

A Practical Guide to
Creatively Positioning
Your Brand, Product, or Service

全脑思维

产品创意与品牌定位实战手册

〔美〕吉姆·伊博（Jim Ebel）著　何海交 译　杜慧贞 刘 超 校译

北京大学出版社
PEKING UNIVERSITY PRESS

著作权合同登记号　图字:01－2017－1846
图书在版编目(CIP)数据

全脑思维:产品创意与品牌定位实战手册/(美)吉姆·伊博(Jim Ebel)著;何海交译. —北京:北京大学出版社,2017.6
ISBN 978-7-301-27978-6

Ⅰ.①全… Ⅱ.①吉… ②何… Ⅲ.①产品设计—手册
Ⅳ.①TB472-62

中国版本图书馆 CIP 数据核字(2017)第 012938 号

CenterBrain Thinking ⓒ by James A. Ebel

书　　　名	全脑思维:产品创意与品牌定位实战手册	
	QUANNAO SIWEI:CHANPIN CHUANGYI YU PINPAI	
	DINGWEI SHIZHAN SHOUCE	
著作责任者	〔美〕吉姆·伊博(Jim Ebel)　著　何海交　译	
	杜慧贞　刘　超　校译	
责 任 编 辑	胡利国	
标 准 书 号	ISBN 978-7-301-27978-6	
出 版 发 行	北京大学出版社	
地　　　址	北京市海淀区成府路 205 号　100871	
网　　　址	http://www.pup.cn	
电 子 信 箱	ss@pup.pku.edu.cn	
新 浪 微 博	@北京大学出版社　@未名社科·北大图书	
电　　　话	邮购部 62752015　发行部 62750672　编辑部 62765016	
印 刷 者	北京大学印刷厂	
经 销 者	新华书店	
	890 毫米×1240 毫米　A5　5.75 印张　84 千字	
	2017 年 6 月第 1 版　2017 年 6 月第 1 次印刷	
定　　　价	29.00 元	

中 文 版 序

　　自 1982 年从印第安纳大学凯利商学院研究生毕业后，我先后在美国 17 个不同的城市居住过。在这 32 年间，我去过世界上很多地方，可直到 2012 年才第一次造访中国。当时广东外语外贸大学邀请我为它的学生讲授品牌推广和整合营销传播，授课时间定在 2012 年的 7 月和 8 月。于是，我在 2012 年 7 月 3 日从香港搭乘快速火车抵达广州。后来，我在 2013 年带上了 10 名优秀的学生一起再次访问了广州。我的第二次广州之行目的不同，可行程同样精彩。我在中国待的时间越长，接触到的东西越多，我就越发意识到自己还需要不断地学习。

　　在我的教学生涯中，我曾经作为特聘教授在美国西弗吉尼亚大学讲授整合营销传播课程。该教职由汤姆·哈里森先生赞助设立，汤姆·哈里森先生是世界上最大的广告集团——宏盟媒体集团的广告部前总裁。我目前是美国田纳西大学的责任教授和驻校执行官。我同时还通过CenterBrain 咨询公司（www. centerbraininc. com）为众多知名企业提供专业的品牌拓展服务，帮助它们制定清晰、有效的营销策略。我的成功并不是偶然，而是基于长时间的行业经验。多年来我对超过一万五千名消费者进行了深度访谈，逐渐形成了独特的判断力，能将品牌推广信息和消费者心理紧密地结合起来。

我把我的方法总结为 CenterBrain Thinking，而这也正是这本书的书名。

2012 年甫一抵达中国，我就马上被中国深深地吸引住了。我一向痴迷于研究人类行为，并坚持认为人类有一套固定的信念和行为规则，并且放之四海而皆准，我把这些东西归类为洞察力。举例说，中国父母相信教育是改变孩子命运的重要手段，因此他们愿意同时兼职两到三份工作，以确保他们的孩子可以顺利就读最好的小学、中学或者大学。而来自世界上其他地方的父母也抱着同样的想法。

作为品牌推广与定位研究的专家，不管去到世界上哪个地方，我都喜欢研究这些全世界通用的洞察力。我认为这些信息对市场营销人员至关重要，能让他们更加清晰地向消费者传递品牌效能。当消费者做出某种响应的时候，我把这种响应定义为"那就是我"的共鸣因素。就我个人而言，当我一边阅读广告文案，一边点头微笑的时候，我就知道"那就是我"共鸣因素在发挥作用了。这些听起来很简单，但其实是最困难的部分，要知道化繁为简从来就是件苦差事。我希望您在阅读完这本书以后，能加深对品牌推广的理解——原来撰写简洁而又高效的广告文案是如此的艰难。

中国是一个充满生机与活力的国家，有着深厚的文化底蕴和悠久的历史，中国人热情好客，这些都为我提供了观察"那就是我"共鸣因素的条件。那么，在您开始阅读这本书之前，我想以一个品牌专家的视角，用几段话简单地阐述我对中国的理解。

我在美国南部田纳西州的橡树岭市长大，它是美国最重要的科技城之一。我后来在田纳西州的查特努加市读完大学本科。这座城市因风靡全美的铁路歌曲《查特努加酷酷酒店》而闻名。我们夫妇抚育了七个孩子（我新认识的中国朋友们都觉得不可思议），我们两度迁回到田纳西州居住。在这些年间，我们一家基本上在得克萨斯州和田纳西州轮流居住，而这是美国南部风格迥异的两个州。尽管美国南部有一段不堪回首的历史，公众对美国南部也都抱有一定成见，但我依旧非常喜欢美国南部，也喜欢那里的人。

美国南部人会充分体现他们的南部待客之道——友善并诚心诚意地接纳陌生人。从美国北部搬过来的人，或者是来自世界其他国家的人，来到美国南部后都会感觉很适应，也会自发地展现具有美国南部特色的待客之道。

作为一名地道的美国南部人，我一直相信南部待客之道并不仅仅是个漂亮的辞藻，它体现的是思维与行为方式的文明。我一到中国就强烈感受到了中国人热情友善的待客之道，可我最初并没有马上把它与中国人的特质联系起来。

城市规划者为了树立一座城市的品牌，往往会构建建筑群、公园或者像广州塔这样的地标性建筑；可我觉得这样的举措遗漏了一样最重要的元素，因为其他城市同样可以修建美轮美奂的建筑群、公园或者地标性建筑。真正能突出品牌差异化的是居住在这座城市里的人，以及他们表达其信念和行为的方式，即"那就是我"的共鸣因素。

在品牌推广中还有其他两个重要因素："可见利益"和"事实依据"。

• "可见利益"指的是某个具体品牌带给你的利益。对于一座城市来说，可见利益可能包括安全的街道、经济机会和让你的孩子接受良好教育的机会等。

• "事实依据"指的是你对某品牌的信念，你愿意相信这个品牌能履行承诺，并为你带来可见利益。举例说，假如安全的街道是一座城市给居民带来的可见利益，那么"事实依据"将会是一张公安局签发的报告，这份报告清楚地显示在过去的五年里这座城市没有发生任何严重的违法犯罪案件。

在品牌开发的过程中，市场营销人员往往在研究完"可见利益"和"事实依据"后就一筹莫展，因为他们碰到了拦路虎。"那就是我"共鸣因素很难被归纳出来，而要把这个因素清晰地表述出来也非常困难。

在我抵达广州后不久，我就见识了真正的中国待客之道。我参加了精心为我准备的欢迎宴会；在喝茶环节，只要我的茶杯一空，主人就会马上将我的茶杯斟得满满的，而我则一遍又一遍地行叩手礼：用食指和中指并拢轻叩桌面表示感谢。

后来，我还发现中国式的待客之道不仅仅出现在正式的场合。我在随后的中国之行中处处可以感受到中国人的热情好客。无论我去哪里，我总能感受到温暖与友善。他们对我和我的超级大家庭非常感兴趣，而他们表达的方式也非常温和友善。我的中国朋友们很乐意把我介绍给他们的亲友，而一些和我萍水相逢的人甚至会不辞辛苦地帮助我。

有一件事情让我久久难忘。一位中国女店家卖了一件玉器给我，然后她主动提出要送我和我的助手回酒店。大家，还包括她的丈夫和两个孩子就一起挤进了她的小车。她主动爬到后座上坐下，让我坐在副驾驶位置。而路上的场景每天重复地发生在世界上的任何一个地方——丈夫在使用 GPS 导航系统，可却迷路了；而妻子坐在后座上凭记忆给丈夫指路。我一下子感觉自己回到了美国的家。

这次难忘的顺风车经历让我意识到我已经在中国找到

了"那就是我"的共鸣因素。我找到了相通的个人洞察力。我感觉中国和田纳西州、得克萨斯州或者密西西比州没有什么两样,而中国人也和美国其他州的人一样,特别是和我们美国南部人一样热情好客。

我在中国经历了许多美妙的事情,"那就是我"的共鸣因素让我深深地爱上了中国和中国人。这种感情纽带促使我不断地造访中国,并把我的学生和我的家人带到这个神奇的国度。

借此机会,我想向所有的读者致敬,感谢你们抽空阅读这本书。我希望您能喜欢阅读这本书,并充分发掘您的全脑思维潜能。

英文版导言

    过去许多年来，人们多次问我"全脑思维"这一名字的由来。我本来完全可以用心理学或者是脑化学结构的理论随便搪塞过去。但我并没有这样做，因为那样不准确。全脑思维，就和其他的创意点子一样，它是必然的产物。还记得那时我才三十岁出头，在得克萨斯州的韦科市工作。我的职场生涯并不怎么如意，整天都在琢磨着如何自己出来单干。我有一个模糊的想法，就是想成为一名专业的咨询顾问。我知道自己是一个很有创意才华的人，也喜欢从事新产品开发这样的工作，可我也知道仅仅这些是不够的。要想让自己获得成功，我必须深挖自己的潜力，而不仅仅是满足于与众不同。换言之，我必须要有解决某种问题的能力。

全脑思维

那是一个晚上,当时我正在用着一台老旧的康柏手提电脑(那台电脑大概有四十磅重,屏幕却不到四英寸宽),我脑海中突然闪现出了一个想法。凭自己在美国公司打拼的经验,以及从同事们那里听来的反馈,我知道大家都不太愿意和战略顾问、广告代理打交道,因为他们太难缠。我所接触的战略顾问几乎个个都是高瞻远瞩的思想家。他们通常都是常春藤名校的毕业生,拥有在财富五百强企业的从业经验,并且他们的收费也都异常昂贵。他们能够轻易地找出企业战略中的漏洞,并且提供一大堆的图表和一箩筐的改良建议。可是非常遗憾的是,这些建议里面通常都不涉及新产品开发。而我们都知道,新产品开发是企业生存的命脉。这些专家顾问都是模型大师,张口就能说出一大堆的营销行话,例如:典范转移、滩头堡、品牌基因、体系结构和平台等。我在本书中专门用一个章节来介绍这些专业术语,我感觉一些市场营销人员只能靠这些花哨的术语来掩饰他们内心的怯懦。不过,还是让我们回到全脑思维的起源上来吧。

与顾问们相对的是广告创意人员。我所遇到的文案撰稿人、艺术指导和设计师们都是非常特别并且有趣的人。

他们衣着光鲜，对城中热门餐厅的具体位置如数家珍，并能在各种玩乐的场合收放自如。但是，他们缺乏商务实战经验；而源于长期以来的广告行业，无论是圈内和圈外人士对他们天马行空的纵容，这些广告创意人员并不是特别实际。因此，尽管这些人能提出一些有创意的点子，可是如果从在商言商的角度看，点子对指导产品销售并没有任何实质性的意义。

直到这时，我才终于豁然开朗，这些就是我需要解决的问题；而成功的关键就是将我自己包装成解决这些问题的行家。

对于左右半脑的分工，以及它们在人类思维过程中的协同作用，心理学领域已经进行了深入的研究。我记得曾经在《时代杂志》中读到过类似的内容。我是那种能够同时运用左右半脑（战略性思维和创造性思维）思考的人，说不定，这正是我开设顾问咨询公司的独特卖点。我能够给那些煎熬中的市场营销经理们提供解决方案。营销经理们往往因为战略顾问（左半脑思考者）和广告代理创意人员（右半脑思考者）的意见相左而犯难。两者间的差异如此之大，以至于任何调解的努力都是徒劳的；而这喋喋不休的争斗也让美国企业消耗了大量的人力物力,并丧失了很多机会。而我则能够给这些营销经理们提供新的解决方案。

我首先是音乐家和作家,我为我所服务的品牌撰写了许多新产品文案;同时,在金佰利公司的历练使我成长为一名优秀的商务战略家。我不是单纯地使用我的左脑或者是右脑,我是在使用我的全脑进行思考。

这就是我当时形成全脑思维这一概念的由来。随后我又花了整整三年的时间来测试并研究全脑思维产生的过程,这些在后面的章节中有详细的介绍。1993年,我以4000美元为原始资本开始了独立公司运作。自此以后,我有幸为70多个行业的企业提供专业服务,包括:新产品研发、定位和新产品发布等。我参与了200多种新产品的策划推广,而这些产品每年给我的客户带来超过40亿美元的销售额。

而在这个过程中,我也犯了许许多多的错误。在第九章中我们将展开专门的讨论,我也希望这些能够帮助您避免犯同样的错误。

总而言之,我从没有为自己在1988年所做的决定而感到后悔。迄今为止，咨询生涯带给我很多快乐，我有幸能为最优质的客户提供服务，并与最好的合作伙伴并肩战斗。当然，我也伺候过一些难缠的客户。这些都在第九章有具体的阐述。

我希望您能喜欢这本书，尽管它篇幅不长，可它是我的呕心沥血之作。它主要介绍关于定位的艺术和科学，全都是我的经验之谈，有各种各样的观点，并不时拿美国企业"开涮"。我希望通过这本书与读者分享这些年来我的收获，分享一些智慧，并帮您避免再犯我曾经犯过的错误。

请带着愉快的心情来阅读这本书吧！感谢您对全脑思维的关注。

CONTENTS

目 录

第一章

什么是全脑思维？

　　我把全脑思维定义为一种能够同时从实用性和创新性的角度来判断一个机会的能力。举个例子，当您在酝酿新产品广告词的时候，您的脑海里也许同时浮现出这个产品的损益表。或者，当您在构思一个快速消费品的电视广告时，您也许会想象出沃尔玛超市的采购员会不会将它摆放上架。

　　首先，我不认为所有人都具备使用全脑思维思考的能力。话虽如此，即使您认为自己的天赋表现在其他领域，我也不希望您马上合上这本书。假设您碰巧负责运营一个品牌或一个服务项目，您通过阅读这本书，可以辨别出

全脑思维

在您的机构中谁具备运用全脑思维进行思考的能力,并学会最大限度地发挥他们的潜能,让他们助您一臂之力;另一方面,假如您好奇自己是否具备运用全脑思维进行思考的能力,那么本章就能够让您做到心中有数。

就让我们开始进行一个全脑思维测试吧!请您回答以下 20 个问题,尽可能地按照真实情况选择"是"或"否"。如果选择"是",您可以得到分值;如果选择"否",您就没有分值(当然需要诚实作答)。每个问题都有分配好的分值,答完所有问题后,请将您的各项分数相加。

全脑思维测试

问　　题	是 分值	否 分值
1. 您小时候能熟练演奏某一种乐器吗?	2	0
2. 在您读书的时候成绩最好的学科是数学和科学吗?	2	0
3. 您总是知道自己的银行存款有多少吗?	5	0
4. 在开会的时候,您是否比其他人更早推导出结论?	3	0
5. 您读大学时是学校某个组织的主席吗?	3	0
6. 您会做数学心算吗?	4	0
7. 有没有人跟您说过您非常幽默?	5	0
8. 您是早起床的人吗?	3	0
9. 您经常有和谐的性爱吗?	1	0

（续表）

问　题	是	分值	否	分值
10. 您相信上帝和神的存在吗?		3		0
11. 您真的完全理解毛利、纯利以及税息折旧 及摊销前利润这些术语吗?		2		0
12. 您在 11 岁之前打工过吗?		2		0
13. 您曾经身无分文吗?		2		0
14. 您认为自己比其他人更有创造力吗?		4		0
15. 您知道您孩提时候的电话号码吗?		2		0
16. 您是否曾经担任过戏剧或舞台剧的重要 角色?		3		0
17. 凌乱的环境是否会影响您?		2		0
18. 您是否想从事和本书作者吉姆·伊博一样 的咨询工作?		5		0
19. 您是否曾经面对进退两难的局面?		2		0
20. 您酷爱阅读吗?		3		0
总　分	是		否	0

现在,让我们来计算您的总分值。如果您获得 50 以上分值,说明您可能已经是一名全脑思维思考者;如果您获得 35 至 49 之间的分值,说明您可能具备运用全脑思维进行思考的特质,但仍然需要继续开发这种潜能;如果您的分值低于 35 的话,说明您真的非常乐于并善于运用单个半脑来思考,即便如此,也请您不要把书合上。

当然,这不是一个非常科学严谨的调查问卷,这是我根据个人经验,以及我对具备全脑思维能力的人群的观察而制定的。有趣的是,我发现演奏一手好乐器与全脑思维能力之间有着巨大的关联。我由此做出以下推理。

音乐家，那些真正懂音乐的行家，知道弹奏乐器并不是在简单地拨弄琴弦，他们知道要演奏出富有感染力的音乐，他们对乐器所做的每一个动作都必须是下意识的。例如吹小号的时候，您必须训练自己学会控制好嘴唇的肌肉，以精准的速率吹动空气，准确地拨动您的手指，并在瞬间读懂乐谱。只有将这些系列动作完美结合起来的时候，您才有机会创造性地演绎音乐。而只有通过训练，您才能够创造出这种美妙的音乐时光并深深打动您的听众。

把演奏乐器推广到全脑思维，以及全脑思维在营销和定位领域的应用，我们可以看出战略性训练的重要性。如果您无法下意识地从务实的角度思考——这件事是否科学可行？财务上是否具备可操作性？公司文化是否能接受它？沃尔玛超市是否会将其摆上货架等——您就无法运用创新能力去解决实际问题。

许多人坚持认为应该鼓励思维创新，而上述的训练只会给这种创新思维设置障碍。如果真是这样的话，那么画家就永远不必学习画布的材质、颜料的混合甚至是如何使用画笔？再说，商业是关于盈利的，并不是艺术或者音乐。

如果我们想要实现真正具有创造性的突破，就无法忽视实用性。曾经有人告诉我，应该把广告代理公司的创意部门改名为销售部门。我同意——当广告代理公司回归到销售他们客户的产品这一正业上，客户的满意度会更高一些。

您可能已经意识到在我的测试问题里面涉及一点点领导能力和自我评估的内容。因为要成为一个真正使用全脑思维思考的人，您必须要有能力去说服别人，并将您的意见付诸实践。您必须要有坚强的信念，因为您必须经常扮演一个变革推动者的角色——而绝大多数人是不喜欢改变的，他们会想方设法来扼杀改变。这就是为什么每次在介绍我的概念或广告提案时，我喜欢用这句话作开头："女士们、先生们，枪支弹药准备好了吗？新奇的点子马上要登场了。"

您对全脑思维理论已经有了初步的了解，现在是时候让我们直奔主题，看看这本书怎样帮助您掌握定位的艺术。而在下一章，通过回答一个聪明的中国学生的问题，您可以看到训练全脑思维能力的有效技巧。

第二章

如何训练全脑思维能力

全脑思维训练的十个技巧

2012 年 7 月 4 日，美国的独立日，我在这天登上了中国广州暨南大学的讲台。在这所大学组织的一次整合营销传播的学术研讨会上，我作为嘉宾演讲人做了发言。我首先用中文跟听众说了声"早上好"，那可是我唯一能说的中文，先粗略地介绍了自己的背景，然后开始演示全脑思维以及定位技巧。这样的演讲我已经进行过很多次，我很自信地认为这次也能获得满堂喝彩。

整个演讲进行得很顺利。在演讲结束后有一段自由提问的时间。主持提问环节的是暨南大学的一位教授以及另外一名在香港某所大学念书的博士生。他们两人都是整合营销传播方面的资深学者，这想想都令人生畏。我对整合营销传播的理解更多是实际操作层面的。事实上，我从来没有系统地学习过广告或者公共关系方面的课程。万一观众的问题太过理论或者学术的话，那样很可能我就会出丑了。而毫无意外的是，这样的情况就偏偏发生了。一位来自广东外语外贸大学的女生就问了我这样一个问题，我也确信当时给的答案一点也没有说服力。这也促使我之后展开了相关研究，并着手撰写这个特殊章节。而这都是源于这位女生提出的一个问题。

"是什么原因导致了全脑思维的产生？而我又该如何训练自己成为一名具备全脑思维能力的人？"

在我开始用以下段落回答这个问题之前，首先请让我解释一下为什么那天我没能给出一个合理的答案。

我的整个职业生涯都专注于全脑思维的开发运用。我帮助我的客户成功开发了来自 70 多个消费类别的 200 多个新品牌，而这些新产品每年给我的客户带来超过 40 亿美元的销售收入。全脑思维能力一直是我挣钱养家的本领。我是 7 个孩子的爸爸，而据相关专家的说法，在美国成功培养孩子的成本是每人 30 万美元。这就是为什么那天我的解释是那么的不靠谱，因为我从来没有认真思考过这个问题，我一直在忙碌着替客户，也在替自己挣钱，我压根儿就没认真钻研过全脑思维的起源；而我的客户只知道我有能力对他们的品牌进行精准的定位，他们从来不问，也不关心我是如何获取到这种特殊能力的。

换言之，这位女生的问题值得好好地回答，至少我应该尽可能地解释清楚。这也与这本书的宗旨相吻合，我将结合我的研究发现和个人体会尽可能地给出一个尽善尽美的回应。

您的生理和心理特性说明了什么？

在上一章我就提到，我坚信科学家们已经证实了大脑优势不仅仅是一个理论，而且是确凿的事实。简单地说，在自然状态下,右脑思维的人会更有想象力,而左脑思维的人会更加务实。我们要么是天生的左脑思考者,要么是天生的右脑思考者,至少我们中的大部分人是这样的。右脑思考者会有更多灵光一现的瞬间,而左脑思考者会花很多时间进行推论。单一地依赖某种思维能力都不会带来理想的结果。如果您希望了解到更多的知识,您可以去了解针对脑电波、核磁共振和大脑半球优势等领域展开的一系列实验。在这里我没有足够的时间对这些实验进行充分的阐述,我也缺乏深厚的学术背景。当学生们就一些显而易见的问题问我一位同事的时候,她往往会告诉他们:"请你用谷歌搜索一下。"针对中国的读者,我想说:"请你用百度搜索一下。"

这种半脑思维能力也会通过一些生理特征表现出来。假如您是左撇子,您很可能就是更富想象力的右半脑思考者。如果你是习惯使用右手的人,那么您很可能会更有理性。这样的说法并不是 100% 准确,因为也会存在特例。我本人并不是科学家,可我有充分的调研依据证明我的说法。

除了左撇子和右撇子,这个世界上其实还有第三种人,我指那些两只手都能娴熟使用的人。他们大概占整个人口比例的 5％。他们能自如地使用左右手，或者说两只手的使用效果同样理想。很有可能还有一批和我一样的人。我用左手写字，可却用右手拿剪刀。我会将来福枪搁在我的左肩膀上，却用右手击打棒球棒。我用左手拿刀叉吃饭，却用右手掷球。

在我还是孩子的时候，我的这些混淆的身体特征一度让我的父母很疑惑。举个例子，我父亲曾经训练我来回地扔棒球，可几个星期下来，他对我非常失望。我总是没有办法准确地把棒球回扔给他，整套动作都很别扭。直到有一天，我把左手的棒球手套摘了下来，用右手迅速地把棒球扔了出去，而棒球又快又稳地回传给了我父亲。因为我一直用左手写字，他就想当然地认为我会用左手来做投掷动作。现在在我父母的家里，依旧还保存着一副全新的专供左撇子使用的棒球手套。

我坚信能够同时娴熟使用左右手的人更有可能成为全脑思考者，因为这样的假设合乎情理。

我们的行为习惯同样可以呈现我们半脑使用的倾向性。有创造性的人，或者说右半脑思考者，他们会更习惯依赖灵感、情绪或者个人经验来推导出结论。他们愿意承担风险，往往还盲目地冒险。他们还是拖延症患者，他们并不是懒惰的人，他们只是需要等待的时间，他们需要掌握最后的关键信息，这样可以帮助他们完成某项工作，或者是做成某种决定。可是，一旦他们做出了某种决定，他们会坚定不移地做自认为是正确的事情。这种干劲往往会被误认为是自负或者是抵赖。可能这些情况也的确存在，这其实就是右半脑思考者的行为习惯。他们的决策更多是基于情绪和感觉，而他们的决定也代表了他们内心的深层世界。有意思的是，右半脑思考者几乎从来没有在企业环境里获得成功。他们中的很多人是投资人、艺术家和企业家。

左半脑思考者却有着和右半脑思考者迥然不同的行为习惯。证据、方法、务实的态度以及不懈的努力，他们依靠这些手段来获取合情合理的结果。他们的决策更多是基于事实，结论是理性而务实的。左脑思考者比右脑思考者更加冷静，也没有那么情绪化，因而总会按时完成所要求的工作。而且左脑思考者大都是成功的商业人士，在行业内获得广泛的尊重。因为他们登顶企业晋升阶梯并不是偶然,而是通过精打细算的努力。同时,他们会尽可能地规避或者是降低风险,而这对他们的职业生涯也很有好处。

这些仅仅是对左右半脑思考者的笼统介绍,即使每个人都是复杂的个体,我确信您还是可以通过以上的描述大致清楚自己到底是左脑还是右脑思想者。

环境因素也同样重要

和大家的美好意愿相反的是,并不是每个孩子都具备创造能力,尽管他们的父母坚信自己的孩子创意非凡。同样的,并不是每个人都擅长数学,家长们也不应该鼓励那些数学天赋平庸的孩子们专门学习数学,以便他们将来能从事科学、技术或者是商业等高薪的工作。我们的社会好像主要由创意人群和务实人群组成,而很少人能将两者结合起来。这很大程度上是家长和现行体制对我们天性的误解造成的。举例说,我母亲从小就是个左撇子,可大家会强迫她用右手写字。这样的结果也影响了她的世界观。她的老师们认为她的右半脑资质平庸,因此她早早地被同化。父母们通常在孩子还小的时候鼓励他们的创意思维能力，而等到孩子们长大成人准备选择职业的时候，却又会鼓励孩子们变得务实起来。

我想要表达的是，这些倾向性并不都是天生的。尽管我自己并不是一名训练有素的社会学家，但我坚持认为社会、周围的环境和训练，这些都能对一个人的思维方式产生巨大的影响。

训练全脑思维能力的十个技巧

我坚信自己已经开发出了一种独特的思维方式，能够让我自如地运用左右半脑的思维优势。一些研究报告甚至认为爱因斯坦本人就是一名充分运用左右脑思考者，这让我很兴奋，颇有吾道不孤的感觉。我没有办法给读者朋友们提供一个明确的方法，帮助你们训练自己成为一名全脑思考者，但我会分享自己一些有用的经验。当然，这些都是基于我的个人体会，并没有通过大量的研究来验证它们。

1. 遗传

只有不到 5％的人群是天生的全脑思考者，这就意味着剩下 95％的人不具备这种能力。我相信经过艰苦的训练右半脑思考者可以掌握左半脑思考者的思维特性；可我不认为左半脑思考者能通过训练变得富有创意。因此，假如您是富有创意的右半脑思考者，而您又想训练自己的全脑思维能力，那么您就需要花精力去学习一些方法和流程，并让自己充分意识到务实精神对发现问题和创新性地解决问题的价值所在。

2. 掌握一项艺术技能

如果您具备创意能力，光有想法是远远不够的，您必须同时掌握一项艺术技能。训练自己成为艺术高手的过程本身就是全脑思维能力的最佳训练方式。我说的艺术高手，并不是指能机械地弹奏莫扎特的钢琴协奏曲，或者是能完美地临摹凡·高的绘画，也不仅仅是指能够达到怎样的专业水准，而是发掘自己的潜能，使自己的操作技巧和个人创造才华完美地融合在一起。

3. 掌握一些"枯燥无聊"的技艺

我在大学本科阶段学的是会计专业,我相信很多人都认为会计是世界上最枯燥无聊的职业了。然而,会计知识的学习对我而言是一个很好的全脑思维的训练机会,同时也让我父亲很满意,因为他认为学好了会计至少能让我有一个稳定的将来。在学习的过程中,我学会了把全脑思维能力运用到损益表、资产负债表和现金流的预测中。没错,即使在最中规中矩的会计学里面也存在着创意的空间。我顺从了我父亲的意愿,也顺利地拿到了会计学的学士学位。有些自认为有创意的人非常坚持自己的原则,不愿意做任何妥协。我在顺从父亲的意志念会计专业的过程中也曾经鄙视自己。右脑思考者往往认为妥协会限制他们的创意才能。这个想法可能是对的,可从全脑思维的角度看,只有左右半脑协同合作才能达到一个更加圆满的结果。在我看来,向已经证明是正确的经验,或者是基于他人成功经验的传统做法妥协是件明智的事情。就我而言,会计学的学位和会计学的专业知识对我的职业生涯也非常有裨益。当我和投资商、财务经理一起合作的时候,我的会计学专业背景能让我的提案更加有分量,让他们更加愿意接受我的创意并提供资金让我实施品牌推广方案。

4.广泛地阅读

如今要做到广泛阅读是比较容易的事情。我天天早上阅读谷歌新闻,在飞机上读书,在开车时听书。其他全脑思考者也都是孜孜不倦的读者。这就给了我一些启示:阅读会让我们的大脑一直保持在高速运转状态,思考的一些问题会不断地在左右半脑之间进行转换。而同时,博览群书会让人变得更加有趣。

5.不断提问,然后聆听

我小的时候是一个很讨人嫌的孩子,我总是问各种奇奇怪怪的问题。我的父亲是一名科学家,他总是耐心地解答我的问题。我记得小时候曾经问他:"为什么在夏天的马路上会有热浪?"到了自己念大学的时候还问他:"为什么半融化的冰比固态的冰冷冻啤酒的效果更好?"我至今怀念父亲给出的精彩答案,而同时我也知道自己一直在考验父亲的忍耐力。

如果提不出问题,那么说明您没有真正地学习。问一些有见地的,甚至是稀奇的问题,然后饶有兴趣地思考和给出答案。我们中的大部分人喜欢说话,尤其是谈他们感兴趣的话题。我建议读者朋友们可以向博学的教授、企业家和高级管理人员提问,问一些能让他们思考的深度问题。

6. 丰富自己的人生阅历

您有许多方法可以增长自己的阅历。最简单的办法就是从自己的舒适地带走出来,比如外出旅游,在国外居留,和陌生人说话,学一门你不感兴趣的课程。当然了,增长阅历的过程是需要承担风险的。我父亲曾经告诉过我,任何一个人都能教会我一些新的知识,不管他们的教育与文化背景多么不同。我的经验告诉我,我父亲的教诲是正确的。

7. 养成一些习惯

好的习惯和方法是左半脑思考者的优势之一。他们喜欢按部就班地为了一个理想的结果而努力。全脑思维同样依赖好的习惯和规范的操作来帮助右脑思考者养成秩序。举例说，在这本书中您将会接触到"三人组合会"，这是我运用全脑思维能力创建品牌定位的重要手段。它在社会学领域得到了广泛的运用，历史甚至超过了两百年。我的日常习惯还包括在早上的时候做创意性的工作，在下午三四点的时候做一些烦琐的行政工作。我知道在哪些时段，我的大脑能更加高效地处理哪些不同的事情。

8. 复杂问题简单化

我和我的学生们分享自己的成功秘籍，那就是将复杂的事情简单化，并适当增加一些深度。我们很容易想得太复杂。最简洁的答案就是最好的答案，这是放之四海皆准的真理。同样，最直接的解决方法也是最管用的。当您学会将复杂问题简单化的时候，您就可以迅速地处理信息，并依赖直觉来做决策。您还将学会如何把问题和机遇不断地细分，这样能更好地掌控局面。简单思维可以让大脑放空，而不会被各种信息堵塞，这样灵感可以在左右半脑之间漫游，渐渐地您就有了思维上的突破，获得了全脑思维能力。事情真就是这么简单。

9. 冥想

在 2013 年的夏天，我碰到了一个奇怪的女人，她执意要教我如何冥想。我是一个一刻也闲不下来的人，根本没有办法乖乖地坐上十分钟，我也痛恨待在办公室里。可是，我还记着我父亲教给我的话，他要我以宽容的心态对待别人。我决定尝试一下。于是我在她的指导下学习如何做冥想。这是瑜伽冥想的一种，包括祷告和诵经。我现在才刚入门，可我已经充分认识到冥想的价值所在。它不单是让我们的大脑放松下来。它能让大脑接触到在身体中流动的能量。至少，这是我的个人体会。从实用角度来说，每次做完冥想，我都能够解决全脑思维中的一些难题。听说冥想能够帮助我进入深层意识。我还需要继续观察。可同时，我还将继续诵经，并享受这种新的启蒙方式带来的好处。我也希望您能试试冥想。

10. 谦卑的心

虽然做了以上这些步骤，也不一定能确保您就可以自如地运用全脑思维的优势，但是这些都是我发现的行之有效的方法。为什么不勇敢地尝试呢？

第三章

用三个"T"来诠释定位

定位五步法

在我们开始讨论定位之前,我想先和大家聊聊我在 25 年前掌握的一个小技巧,它能够帮助我们判断出一个新想法到底值不值得进行定位。同时这也是一个有效沟通的小技巧,在各种商务场合中屡试不爽。

现在,针对您新的业务构思、新产品或新服务,按照以下五个步骤实施:

1. 问题 哪个或哪些问题会促使人们对这个构思感兴趣?

2. 解决方案 这个新构思如何解决该问题？

3. 好处 这个新构思可以为目标用户带来什么好处？

4. 运作方式 描述这个构思运作或使用的方式。

5. 答疑 解答用户或买家可能提出的一个重大异议。

这是一个非常简单的模板，但我从没见它失效过。在一次芝加哥和阿普尔顿之间的短途飞行旅程中，我甚至教会了一名路德教会的牧师。一开始他是抱着怀疑态度的，他很可能认为营销人员与魔鬼是一丘之貉。但是我用以下例子证明这五步法即使在周日做礼拜的时候也同样适用，于是把他说服了。

1. 问题 你有罪。

2. 解决方案 求上帝宽恕。

3. 好处 你会觉得从身上卸下了一个重担。

4. 运作方式 跪下并祈祷。

5. 答疑 别担心，如果你又犯了罪，重复以上过程即可。

这位牧师很快就转变了对我的态度。我猜想他现在会有一群比以前更加开心的教友，接受他全心全意的、直接的、而不是啰啰唆唆的布教。

我认为定位不是……

我经常告诉客户,知道顾客喜欢什么、不喜欢什么都让我受益匪浅。同样,为了厘清定位是什么,我们先了解定位不是什么。

1. 定位并不是商业战略,但您的商业战略应该以它为本。定位就是用顾客的语言来精确地表述战略。这不是营销调研小组、品牌经理或广告客户经理能够在会议室中讨论出来的(他们可以撰写战略大纲,我会在后面介绍定位与市场关系的章节中展开讨论)。

2. 定位不是广告,但广告代理商应将其作为制作广告的指南,以确保设计的广告清晰表达产品或服务的独特之处。在本章以及随后的几个章节中,我会向您介绍构成定位的三个部分,每个部分都必须是精确的;获得理想定位要经过这样的过程:先掌握顾客需要听到什么和信息传达的方式,以及对产品改进的期望值。因此,定位并非来自于纯粹的冥想、富有创意的广告文案或最新颖的广告制作技术。你不能运用广告达到定位的目的,要定位先行,再制作广告。

3. 定位并非市场调查，但可以利用市场调查结果来对它进行量化评估，并找出方法加以改善。我曾目睹众多的定位方案被交由营销调研小组去处理，而现在这种调研小组已演变成消费者洞察团队。我非常重视市场调查——事实上，本书中有专门介绍市场调查的章节。问题是，市场调查是一项量化工作，高度依赖统计分析。当营销调研人员被叫去开发定位的时候，他们只能用他们学到的那点本事去做这件事，无非是撇除偏见、消除变量并制定一个标准的、直线式的、可预见的操作流程。如果事情真是那么简单的话，就太好了。不幸的是，事情并没那么简单。我们在后面的讨论中也会发现讲究规矩的创意定位法和市场调查还是不一样的，这和你同时运用左右半脑来思考有关。

4. 定位并非品牌推广。如今的品牌推广在过去被认为是商标或包装设计，这就是为什么众多著名的品牌设计公司最初都是靠包装设计起家的。品牌推广是良好定位的成果加上创意十足、视觉表现力精准的手法。被誉为"现代广告之父"的大卫·奥格威在他的著作《奥格威谈广告》中曾经说过："给我充分的创作自由去表现一个被精确定义的战略。"他的意思再简单不过——不要本末倒置。

我对定位的定义

好吧，我们假设您已经完成了上述五步法，并认可我关于定位不是什么的论述，而且您坚信您有值得进行定位的构思。

现在请您去请教 10 位商界人士，请他们给定位下定义。如果您得到的答案千奇百怪，也不要觉得太惊讶。有些人可能会说定位就是产品或服务所能提供的好处；有些人则会说它是产品或服务所独具的特色；还有人会说它是一种品牌形象，一种情感，或者是与目标用户的一种关联。我认为每一种答案都是正确的，前提是这些元素（利益、属性价值、洞察）要用目标用户的语言平衡而又恰当地表述出来。我把它称为成功定位的 3Ts 法则。

我来简单介绍下 3Ts：

1. 可见利益（Tangible benefit） 顾客明白"我能从中获得什么好处"。

2. 事实依据(Truth)　产品或服务的特色使顾客相信您可以提供可见利益。

3. "那就是我"共鸣因素("That's me"factor)　使顾客点头微笑的一种通过洞察所产生的关联性。

在我更详细地讲解 3Ts 之前,我想请大家留意我在"'那就是我'共鸣因素"的定义中所用的一个词,这个词就是"洞察"。这个词现在在美国企业里被广泛地使用,就如同被随处乱扔的篮球,它已经被严重滥用了。不知道为什么,我们这些搞营销的人喜欢说行话——后面有专门的章节探讨这个问题。

由于"洞察"一词的广泛使用,甚至是滥用,因此我觉得对它的定义很重要。以下的定义不是我想出来的,而是归功于我的好朋友兼合作伙伴 Giora Davidovits:

> 所谓洞察就是您的目标受众普遍拥有的一种信念或行为,伴随行为的信念是最好的洞察。当这一信念／行为与品牌、产品或服务相联系,并用独特的方式被表述出来时,这种洞察就成为营销洞察。

我希望您能采纳这个"洞察"的定义,并广为传播。我会在随后的"那就是我"部分举例说明几个很好的"洞察"。如果您想知道我对午餐的洞察,那么我会说:"在一家昂贵的餐厅吃饭,由您来买单。"

现在,我们来详细讨论定位的各个部分。

T1 可见利益(Tangible benefit)

世界上的任何人(大概除了圣人)都不会去做对自己没有好处的事情。请您思考一下这个问题,无论您的出发点多么高贵无私,如果您诚实地问一下自己,就会发现您所做的事情都与自己的需求和欲望有关。"我能从中获得什么"可能是情感的、心理的或是务实的需求。我们所做的每件事都有所求。这就是我们做事的方式。

作为营销人员,我们必须换位思考,替产品用户思考"他们能从中获得什么"好处。这很难做到,因为当您一周7天、天天24小时都在思考自己的业务时,您往往会患上"营销近视症"。这正是品牌管理系统的阿喀琉斯之踵,让聪明热忱、尽心尽职的人眼中只有一个品牌、产品或服务。

结果,营销人员开始相信顾客和他们一样聪明热忱,并和他们一样专注于某种品牌、产品或服务。而事实上,顾客压根儿就没空理会你的业务。我曾经多次听到营销经理对我说"谁都知道这个",他们想当然地以为顾客会知道这些,可实际上顾客根本就不会理会"这个"到底是什么。

这里我们来举个例子。我的一位银行客户开发了一种信用卡,专门针对美国的工会成员。他们都是典型的工会成员,具有刻板印象中的特征:勤勉、爱国和热爱家庭(顺便说一句,我觉得刻板印象是有存在意义的,市场营销人员应该足够重视)。在密密麻麻的直邮广告中埋藏了一句很不起眼的补充说明:"我们的客服中心设在美国本土。"美国人很不喜欢设在国外的客服中心,而具有爱国情怀的美国工会成员尤甚。我们和信用卡目标用户访谈的时候得知这正是他们关心的一项重大利益。我想大家都能掂量出这份承诺的分量。

那么,银行精悍的营销团队怎么会疏忽这个要点呢?主要有两个原因:第一,他们过于专注自己产品的特色,包括费率、回报、支付条款等;第二,他们并没有和顾客交流。您在员工会议、饮水机旁或与朋友用餐期间无法捕捉到定位产品的可见利益。

如果您的定位缺失了可见利益,那么定位的其余部分都是空洞的。过去数年来,我帮助不少产品找到了可见利益。

以下是我喜欢的五个案例:

- **Fruit of the Loom women's underwear**: They're designed to move with you so they stay comfortably in place.

  鲜果布衣牌女士内衣:设计服帖　衣随人动。

- **Peter Piper's Pickles**: The mess-free way to enjoy pickles, because the "picklevator" brings the pickles out to you.

  Peter Piper's 牌腌黄瓜:以干净的方式享受腌黄瓜,因为"黄瓜电梯"送美食到你手。

- **2nd Skin Moist Burn Pads**: Made of 96% water to soothe and protect household burns.

  2nd Skin 牌保湿型烧伤垫:96%的成分是水分,帮助减缓和保护家庭烧伤。

- **Vise-Grip Locking Tools**: Like a third hand, it grips right and locks tight.

握手牌大力钳：犹如你的第三只手握得紧、抓得牢。

- **Coleman Hot Water On Demand**：Instantly gives you more time to enjoy camping.

  科尔曼户外热水器：加热迅捷，即刻给你更多时间享受露营。

T2 事实依据（Truth）

在我们还小的时候，身边的所有人都告诫我们要"说真话"。

定位的事实依据恰是顾客需要凭此判定你能兑现所承诺的好处。我的经验是，事实依据绝大多数时候都包含在品牌、产品或服务的特色之中，难的是将其找出来。

在寻找定位的事实依据时，我遵循的一般规则是像四岁的孩子那样思考。我有七个孩子，所以我有许多"四岁孩子"的经验。就跟消费者一样，四岁的孩子饱受新信息的轰炸，他们没有时间听长篇大论的解释。

我记得我的女儿埃米莉问过我："天空为什么是蓝的?"我试过不理她,但没用,因为孩子们是很执拗的。出于无奈,我就和她说:"天空是蓝色的,是因为它是一面对照着海洋的镜子。还记得我们去年旅行时看到的蓝色海洋吗?"一言中的,她以后再也不提蓝色天空的问题了。而后来有人告诉我实际上我的答案是有科学依据的。

关键就是把事实解释得简单明了。不要列出一大串的产品特色,只需要列出相关的即可,并且永远不要超出三个。如果您在定位描述中写下超出三个产品特色,那您就是在啰嗦地自说自话。

在个别案例中,我发现事实成为定位的整个基础。

这有个小故事。

我帮助过一个金枪鱼品牌推出一款优质的金枪鱼罐头。在早上九点钟,我被叫去他们的总部品尝新的金枪鱼,并观看一部关于这种金枪鱼食品生产流程的片子。细节我就不在此赘述了,但是从中我学习到了如何通过了解事实去实现定位。

最好的金枪鱼是钓上来的深海金枪鱼。它们被拖进渔船后用盐水冰冻数周,再被送到一个加工厂进行加工。到了加工厂以后,冻鱼会被蒸汽解冻并进入烹饪流程(蒸熟)。烹饪后,它们会被传送带运到切片工人那里,许多工人会拿着长长的刀子对金枪鱼进行手工切片。在这个时候我想到了对这种优质金枪鱼的定位事实。它是这样表述的:

口感如此鲜嫩,好想一口吃完它。

为什么这种金枪鱼口感这样好?这是因为我们只挑选深海金枪鱼,口感最好的那种!然后我们隔水蒸熟、手工切片、经由天然矿泉水浸润再包装。

事实上,所有金枪鱼的制作流程都是这样的,但是从没人这样给金枪鱼定位过。该定位着重传达把最好的鱼装进罐头里的过程,听起来健康、品质高质,最重要的是口感好。

以下是一些凭借事实而定位的案例:

- **Precision Q-I-D:** Screens out common medications to give you "clinically accurate" results.

  雅培必利讯手握型血糖机: 根据临床治疗筛选,为您提供"精确诊断"的结果

- **Gildan socks and underwear:** Designed to give you morning fit and comfort throughout the day.

> **杰丹牌袜子和内衣**：该设计给您舒适的早晨并让舒适相伴一整天

- **Huggies Baby Care:** Go beyond gentle to clean, replenish, and protect.

> **好奇牌婴儿护理产品**：不仅柔软，更有清爽、滋润、护肤之效

举例到此为止。接下来，我想解释一下一个伟大战略的含义：当一个品牌在同类产品中脱颖而出，它的特性就成为该类产品的标识性特征。这就是类别化。在品牌具有高度的类别效应及成为通用类别的时候，就实现了类别化。以血糖监测仪为例，精确度是最重要的特性。因为如果没有精确的血糖读数，会误导其他所有相关决定，如医嘱饮食、健身及胰岛素的剂量，后果可能是灾难性的。临床研究显示，"雅培必利讯"，这种血糖测试仪器凭借某技术能读出最接近于病人在医院测试血糖时得到的结果。该事实证据成为该品牌优于同类产品的特征，成为类别化的基础，以及一种含蓄的优势声明。"临床准确性"成了血糖仪的一个黄金标准，并帮助这个品牌实现了三倍的市场份额增长。

T3"那就是我"共鸣因素("That's me"factor)

如果您曾经在看电视广告、读平面广告或是听电台广告的时候会心地微笑或点头,那您就算体验过"那就是我"的共鸣。对于大多数营销者来说,"那就是我"的共鸣因素今天更多地被称为"洞察",它就像是难以得到的圣杯。但当您运用四岁孩子的思维来思考问题时,您会发现找出"那就是我"共鸣因素并不像听起来那样难,难的是把它和您的产品、品牌或服务联系起来,并简单地表述出来。坦白地说,将洞察揭示并简单地表述出来的能力,是任何一个定位专家应该给您提供的。从一开始,这就是全脑思维的差异化优势。奇怪的是,在我创业的第一个十年里,我并没有很好地宣传这个特质,我想这是因为我当时没有想好怎么给它取个名字。

关于定位的 3T 法则,是我在美汁源公司的一次销售即兴演讲中首先提出的。我强调说大多数公司都能很好地界定它们产品的特色,而全脑思维能很好地界定实用的、情感的或心理上的好处。我的这个提法对美汁源公司的品牌小组来说，好像听上去不怎么特别。直到后来我意识到我们能提供的定位方案远远超越了凸显某个优势。我们和一组一组的消费者交流，在这个过程中发现了贴切的语言表述，从而实现了定位上的突破。这方面的内容在下一章节中有详细的阐述。在这种给予和获得的双向交流中，我们为消费者创造了一个宽松的谈话环境，他们可以放松下来，告诉我们事实。我们巧妙地使用技巧，引导他们就产品信任和消费行为表明态度，当消费者坚持己见时，促使我们从中捕捉到令他们情绪激昂的语言表述，而不是停留在描述产品的特性和好处上。我知道这样做是行之有效的，因为当我们把最终的产品定位文稿念给他们听的时候，他们会不断地点头和微笑。我知道我们已经牢牢抓住了他们共享的信念和行为，他们在听到广告词后会说："那就是我。"

要寻觅"那就是我"的共鸣因素，先大致思考一下普通人的大致行动方式。一般来说，您甚至可去关注一些刻板印象，您可做一些非常概括的假设，例如：免除痛苦的承诺比获得快乐的承诺更能激励大多数人；大多数人都喜欢恋爱及关心他人的感觉；大多数父母都认为他们的孩子会成功（好吧，至少在他们长成青少年以前）；大多数人都相信上帝；大多数人都想过上更美好的生活；大多数人都热爱他们的祖国。这些几乎是普适性的信念。

现在看看一般行为并查看哪些是与我所描述的信念有关联的。以下是一个例子：因为大多数父母都希望自己的孩子能够获得成功，所以他们会买东西来帮孩子达成目标。尤其是在孩子小的时候，为了让孩子适应幼儿园，父母们愿意用各种方式、花费大量金钱培养孩子。您觉得这是为什么呢？这都是因为他们紧张，他们想要自己的孩子成功，他们愿意花钱帮孩子走向成功。这就是我们所说的洞察——知行合一的境界。如果您碰巧从事的是教育产品行业，而且能正确地表达这一洞察，那您就已经差不多成功地找到了"那就是我"的共鸣因素。

您一旦建立了信任和行为的连接，您就可以为您的品牌、产品或服务构思简单明了、准确有力、富有创意的定位方案。您可能会认为这时我们已经一脚踏进了广告领域。确实如此，因为我把定位视为广告的基础。定位越精准，您的广告代理就越能设计活动方案，巧妙规划，并细致构思媒体投放计划。

全脑思维

为简单阐明"那就是我"的共鸣因素，我认真查阅了全脑思维公司的案例文档，整理出以下图表。

"那就是我"的特性

产品类别	信念	行为	"那就是我"的 共鸣因素表述
血糖监测仪	我需要控制我的病情，我需要获得尽可能准确的信息，以便尽我最大的努力。	每天我都要控制自己的饮食、锻炼并检测血糖。	我是自己每天的医生，我每天需要获得和医生一样精确的检测信息。我需要"雅培必利讯"那样精准的临床诊断。
儿童产品	我想画画是培养孩子们创造力的一个最佳方法。	我不让他们经常画，因为会弄得一塌糊涂，并需要大人的看护。	现在我可以对画画说"同意"，因为这些新型的梦幻画笔不会搞脏周围的东西，并且它们是埃尔默牌的，我信任这个品牌。
直接反应教育类DVD	永远不能停止学习。它令生活变得有趣，使我成为有趣的人。	我自学了所有的东西，我阅读、观看我感兴趣的科目的节目，并和那些知识比我渊博的人进行讨论。我只是时间不够用。	现在我随时都可以享受"让我着迷"的学习。教育公司的DVD课程应有尽有，有的是我大学时未学过的课程，由世界上一流大学里最好的教授讲授。

（续表）

产品类别	信念	行为	"那就是我"的共鸣因素表述
儿童游乐场设备	当孩子们玩的时候,他们会得到比身体锻炼更多的益处。他们锻炼自己的想象力,并学习如何与其他人相处。	作为教育者,我们购买设备来鼓励孩子们到游乐场上运动,我们确保它们是安全耐用的,但我们始终在寻找更好地激发他们想象力的设备。	现在我终于拥有了能"全方位提升孩子想象力"的儿童游乐场设备。

第四章

全脑思维的思考过程

与消费者一起进行创造性品牌开发

根据我过去 25 年来大量的成功经验,我准备提出一套产生创意和完善定位的最佳方法。我正努力影响你,希望你能接受这套令大多数市场调研人员紧张和畏缩的方法。不要不听我说,后面的章节中有专门介绍市场调查的章节。我把市场调查定义为用数据或数字验证假设的过程。这个定义看上去显得非常狭隘,可我的朋友罗恩·纳尔逊(第五章会更多谈到我的这位朋友)却跟我说这样的定义没有问题，而这位仁兄可是调查和数据方面的权威。

　　三人组合讨论法，即将三个目标顾客组合在一起进行调研，是我们使用娴熟的手段，在这个方法风靡之前我们就一直在使用它。我们甚至把我们全脑思维公司的看家法宝，即创新定位的发现办法称为"全脑思维三人组合讨论过程"。通常情况下，我们会提前和客户预设好一些假设，然后花上两天的时间组织多场三人组合讨论。这个过程可以帮助我们建立、完善，甚至是推翻预先的假设。我会随后介绍这些步骤的操作过程，并解释为什么我们不采用焦点小组。首先让我解释什么是三人组合，以及三人组合在发展定位方面的巨大作用。

什么是三人组合？

　　三人组合理论已存在很长一段时间了，这个理论的发展很大程度上要归功于一位名叫乔治·西梅尔（1858—1918）的社会学家。以下是我对三人组合理论的粗浅解释。

　　事实已经证明不可能组建一个绝对平等的三人组合。

总有一个更强势的人试图去影响另外两个人。可当两个弱势者发现这个强人的观点并非无懈可击并形成联盟的时候,这个强人也会随之丧失主导地位。结盟的过程将会不断地持续进行,最终达到一种平衡,在这个理想状态下,每一个个体都做出适当的妥协和让步。"三角几何因此总是充满惊喜。"著名社会学家西奥多·卡普洛如是说。

在组织了成千上万场三人组合讨论之后,我甚至可以断言这种妥协在一个小时之内就会发生。坦率地说,就算是谈论最激动人心的事情,在说上一个小时以后,大部分人都会无话可说。

由三人组合创造出来的社会学条件非常有利于发展定位,因为在这个环境下,每一个个体都必须表明立场,捍卫自己的地位并最终和同伴达成妥协。如果加以正确引导,结合您试图定位的品牌、产品或服务的语境,您可以深入了解一个人的信念和行为。经过精心引导的三人组合讨论就一定不会产生肤浅的调查结果。

通过三人组合达成的让步和妥协,我们可以把了解到的消费者信念和行为做广泛应用;这样我们就不需要针对不同的顾客群体撰写无数的定位描述。想想这真是奇妙的事情,您只需要花上一个小时和三个人交谈就能达到目的!

焦点小组有什么问题?

在前面我已经提到过,在聊上一个小时后,顾客们对您的产品或服务已经无话可说。可是焦点小组讨论的组织者依旧不依不饶地折磨顾客,每场讨论都要耗时两个小时,甚者更长的时间。如果您想让恐怖分子老实招认罪行,那就让他们参加焦点小组讨论吧!让他们一起讨论某品牌的茄汁焗豆。与其老老实实耗上两个小时,不如在讨论了75分钟后将茄汁焗豆拿出来供他们品尝。

好吧,我们来看看焦点小组到底存在什么样的问题?第一,名字就很矛盾,小组怎么可能有共同的焦点呢?第二,快节奏的广告让人目不暇接,同时我们又肩负多重任务,所以大多数美国人的做事方式就像患有注意力缺失症一样。即使是观看充斥着香艳和暴力镜头的好莱坞影片,普通观众往往也不能耐着性子看完两个小时。所以根本就不要指望他们坐下来,花两小时去讨论某种通便药品,并提供有价值的论点。第三，暴民法则往往适用于焦点小组。根据这个法则，暴民的智商是个平均数，即所有成员的智商总和除以成员的人数，您完全可以自行计算。而在一个八人为一组的焦点小组里面，有三个人起主导作用，三个人选择跟从，而另外两人选择沉默并在坐满两个小时后拿钱走人。第四，焦点小组的主持人往往是那些心理学专业的老好人，他们接受的教育告诉他们，只要耐心地倾听，不去影响消费者，时间长了，消费者们自然会开口说出答案。如果真是这样就好了，因为打心眼里，我也希望圣诞老人和牙齿仙女的故事是真实的。第五，一个主持人根本无法带动八个人进行深入的讨论。当消费者一个月才花上五分钟考虑您选择的话题，您就必须要想出一些高招逼他们亮出自己的真实想法，而不是被动地聆听。为此，您必须制造争议话题，和他们唱反调。但同时也请记住，我们所受的教育是不要去影响他们。第六，万一您负责的四个焦点小组有一个小组的所有成员撒手不干怎么办？请您相信我，这帮人能够找出五花八门的借口，例如：月圆之夜、撒酒疯、兴奋过度、其他个人事务安排，以及对活动性质的不满等。猜猜会怎么样？您将损失 25% 的样本，同时浪费 25％ 的预算。

您可能会嘀咕说："难道这家伙在单枪匹马地单干吗?"没错,我的确是在单干。我认为许多糟糕的决定都是基于开放式的焦点小组讨论的结果,而焦点小组需要的有形和无形的成本已经大大超过了其可能带来的好处。我会诚实地告诉我的客户:"在我和您的消费者进行三人组合讨论的时候,他们、你、我都充满了偏见。我将引导他们,甚至是故意说错他们的话,让他们生气,强迫他们捍卫自己的观点。最后,我将深入地了解每一个消费者,并对您的品牌、产品或服务形成一个独特的定位。"怎么知道我是对的呢?因为我在我组织的成千上万场三人组合讨论中都大获成功,每次都是如此。

全脑思维三人组合讨论的操作

1. 设定您的目标

在运作每一个项目前,我都坚持列一张清单,上面清楚地描述客户希望这个项目所要达成的目标。我也建议您在公司推行这个做法，因为没有目标的工作只会浪费时间和金钱。这些目标的制订能够帮助我挑选合适的消费者人群参加三人组合讨论，并设计出合适的操作方法。

我认为这些目标清单需要解答下列问题：

谁是您的目标受众？回答这个问题时，务必尽可能地包括所有详细信息，如性别、年龄、收入、行为、居住地等。当然，我们要适可而止。我们曾经邀请过一些非常特殊的目标受众参加三人组合会议，尤其是为 B2B 的客户。一般来说，目标受众越难找，三人组合讨论的费用也将越高。

您希望通过三人组合讨论达成什么目标？以下有几个例子：

• 产品定位传播方案，以便指导制作下一年度的品牌广告投放计划。

• 揭示消费者信念和行为，并将它们纳入品牌战略中。

• 发现开发新产品的机会，并寻找能最有效地传达这些新产品的方法。

• 发现改善服务的机会，制定有效的沟通方案。

您有什么样的时间计划？ 这里需要现实一点。我有很多次被客户折腾得够呛,苦等数月,他们就是迟迟不定时间。时间因素事关操作流程,拖沓肯定会损害我们的创意积极性。

您的预算是多少？ 一个典型的定位方案需要在两天内组织八至十场的三人组合会议,所产生的费用大概在35,000 至 50,000 美元之间,很大程度上取决于会议的性质,以及招募参加者的难易程度。如果您的费用不是很充裕,那么就计划做少一点事情。如果有人愿意以更低的价格承接您的项目,那么您就要小心了。这说明您找的人急着要谈成生意。如果没有发生大的经济衰退,而他们愿意大幅降价来承接您的项目,这说明他们一点也不忙。想想看,他们为什么能够如此无所事事?

谁是关键联系人？ 我希望在项目开始前就确定到底谁是我的直接联系人。我将与此人保持密切的联系,并将恪守这个原则,而不去试图绕过此人,虽然我与此人的老板,或者是老板的老板私交甚笃。我非常尊重这种指挥体系,因为我记得当年我作为一名年轻的营销经理被委以重任的感觉:"当供应商绕过我直接与老板沟通,让我不能掌握事态的发展状况，我非常不开心；我会觉得自己的意见得不到重视，无法掌握重要信息而后导致我在开会时往往遭遇尴尬。"据我的观察，供应商绕过直接联系人的做法有失礼节，也会给项目的实施带来坏影响。这些年轻的营销人员总有一天会成长为高级营销经理，而这种屈辱的经历他们将铭记在心。

2. 找到合适的人来参加三人组合会

如果找不到合适的人来参加三人组合会，那么这样的讨论也就毫无价值。这就是为什么用来筛选参与者的调查表是如此重要。最好的调查表应具备以下特征：

容易操作。要记住它们一般用于电话访谈或网络问卷。

足够周密。这样可以剔除专业应征者、竞争者、家庭成员、朋友或竞争者的关联人士（专业应征者是指那些参加焦点小组、填写问卷调查，并希望通过参加三人组合会来谋生的人）。

有针对性。围绕着您需要定位的产品类别、消费者行为和产品进行具体的描述。筛选的目的不是了解您的顾客，而是去辨别他们，然后通过三人组合会更好地了解他们。

激发参与者的兴趣。在筛选调查表结尾处，邀请消费者和您进行一个小时的面对面沟通。我总是在调查表的最后附上两个问题，用以甄别有创造力和健谈的人，尽管我们的招募人员都已训练有素，能在筛选的对话中辨别出具备创意思维的消费者。设计调查表就是为了激发人们的兴趣，使他们更加愿意参加三人组合会。以下是这两个问题：

（1）我将给您读一些表述，您可能觉得很多条都适合您，但请告诉我最适用于您的表述。

——我喜欢参加讨论，大家可以表达不同的观点。

——即使和某权威人士的观点不一致，我也不怕表达我的观点。

——我会努力避免在讨论中出现争论及冲突。（终止）

（2）现在我希望您发挥自己的想象力。假如您可以有机会与一名已经过世了的名人一起用餐，您希望这个名人是谁？

您希望和这个名人谈论什么？

有趣的是,大多数男士都选择与玛丽莲·梦露一起用餐。而大多数女士则选择猫王或约翰·肯尼迪。曾经有一个女士选择艾迪·墨菲。我悄悄地提醒她,他只是在电影里死去了。当得知艾迪·墨菲还活着的消息,这位女士显得非常兴奋。

3. 正确使用诱饵钓鱼

我已经在前面提到过,在开展三人组合会之前,我总是事先写好多种假设。围绕着如何提升消费者对您的产品、品牌或服务的兴趣,这个假设列举了一些设想。我会用事先准备好的假设,因为在现实世界里,消费者们花很少时间,甚至压根儿就没考虑您的那点事情。因此不能指望消费者们自行地发展或表达完整的想法;但当您走错方向的时候,他们能提醒您,并帮助您找到产品或品牌的定位。

当您用全脑思维思考的时候,有两种假设的写作风格。当然了,我相信可能还有其他风格,可我会坚持用我认为管用的。

第一种写法被称为承诺。承诺简单描述您的产品、品牌或服务能给消费者带来的利益,并解释您能兑现这些利益。以本书的自我宣传为例：

　　本书是理解创新定位的最佳材料，因为它基于 25
年的实践经验以及超过 160 个成功定位案例。

　　我主要在发展定位的早期阶段使用承诺式假设。我
会和业务骨干们进行交流，并收集他们的想法，然后用承
诺式的写作手法描述出他们的假设，通常是 50 个；然后
大家将花上一天时间遵循严格步骤开展头脑风暴会，确
定、改善甚至是放弃有些承诺表述；最后我们将带着剩下
的承诺表述和参加三人组合会的消费者们进行同样的
操作。

　　我的承诺表述写作覆盖面广，包括功能类、情感类和心
理类。即使是再普通不过的护肤护发产品，我也可以写出
它的一系列承诺表述，对于那些半信半疑的人，我一会儿
就以护肤护发产品为例列举一些功能性的、情感性的，以
及心理上的承诺。这里的关键就是所有的承诺表述都必
须简洁统一，这也是定位专家存在的价值。

　　作为一般原则，不要尝试写下您自己的承诺或创意定
位。因为您太熟悉自己的业务，导致您写出来的东西像是

在和同事们交流，而不是针对您的消费者。我最近就接触到这样一个糟糕的例子，一家快餐公司的雇员撰写了一份承诺表述，可是里面包含了太多营销术语，连我都看不懂他们到底在说什么。

这些承诺最终通过一个被称为"承诺测试"的统计调查工具，进行分类、评估，并关联到潜在的定位选择里。这是一个功能强大的市场调查工具，我会在下一章内容中加以详细介绍。

假设的第二种写作风格是定位化的产品概念描述（定位概念）。在外行人看来，定位概念就像广告，因为它们包含标题、广告正文及口号语。我会用差异化的手段为同一个品牌、产品或服务写出六个定位概念。每种定位概念都明显不同，这很重要，不能有灰色地带。

在进行三人组合会前，大多数客户都喜欢从定位概念入手，尤其当他们已经把整个业务方案浓缩为一个构思时。以下这个例子是我为护肤和头发护理产品所撰写的四种定位概念。顺便提一句，这些概念以随机字母识别，而不是按照字母表顺序，以排除任何排序偏见。

护肤和头发护理产品的四种定位概念

概念 J　清新自然

向您隆重推荐……

新的护肤与头发护理产品系列

强化您身体的自然抵抗能力，防止皮肤和头发干燥

每天数以万计的女士们都在指望着实验室里研发出来的新奇产品，这样能帮助她们拥有柔顺自然的皮肤与头发。可是，实验室里研发出来的产品往往在现实世界里处处撞壁。这也是我们研发这系列自然护肤护发产品的初衷。这款产品能强化您身体的自然抵抗能力，防止皮肤或者头发干燥。

这一系列产品蕴含着一种独特的野生海藻精华素。这种野生海藻能够轻易地适应海底复杂的生存环境，而这种精华素就是从这海藻的叶片提取而成。这种精华素能在您的皮肤表面形成一层细微的保护膜，并让您的皮肤充分地保水保湿；而同时我们产品中的维他命、营养素和矿物质能同时滋养您的肌肤。这样您就能拥有柔顺、平滑而健康的头发和肌肤。

我们有成熟的产品线，包括沐浴露、润肤露、洗发水、护发素、面膜和美肌修复膜等。

源于大海的精华

概念 A 永恒

向您隆重推荐……

新的护肤与头发护理产品系列

永恒的美丽只来自值得信赖的原料配方。

一想起永恒的美丽，人们会自然想起柔顺的肌肤与头发。我们常常指望着实验室能研发出神奇的配方，以帮助我们实现梦想。然而答案却出乎意料地简单。最管用的解决方案其实来自大自然，正如我们向您推荐的这款护肤护发产品系列。

这款产品简单适用。因为这里面蕴含着来提取自海洋最坚硬植物的精华素。历经千百万年的沧海桑田，这些植物适应了海洋的冷热交替和狂风暴浪。不用再犹豫，快点将这款产品变成您的常用护理产品吧！来自海洋的精华素能大幅提升您肌肤的自然滋养功能。您也将拥有柔顺的肌肤与头发，而这正是永恒美丽的标志。

我们有成熟的产品线，包括沐浴露、润肤露、洗发水、护发素、面膜和美肌修复膜等。

源于海洋 历经沧海桑田

概念 E　平衡

向您隆重推荐……

新的护肤与头发护理产品系列

特殊配制的良方，能让您的身体更加平衡

事情就是这样子。我们人体的60％是由盐水组成，而盐水正是让我们的肌肤和头发变得柔顺的根本原因。那我们为什么不从自然界获取某种物质帮助我们实现这个目的呢？很高兴地告诉您，我们正是从海洋中提取到了这种神奇的精华素。

这一系列产品蕴含着一种独特的野生海藻精华素。这种野生海藻能够轻易地适应海底复杂的生存环境，而这种精华素就是从这海藻的叶片提取而成。这种精华素能在您的皮肤表面形成一层细微的保护膜，并让您的皮肤充分地保水保湿；而我们产品中的维他命、营养素和矿物质能同时滋养您的肌肤。这样您就能拥有柔顺、平滑而健康的头发和肌肤。

我们有成熟的产品线，包括沐浴露、润肤露、洗发水、护发素、面膜和美肌修复膜等。

能让您的身体更加平衡

概念 M　奢华体验

向您隆重推荐……

新的护肤与头发护理产品系列

您随时随地能享有的水疗体验

　　慢下来，疼爱自己。这是我们都梦寐以求的。而在现实生活中，我们常常挤不出时间。而现在您可以在您繁忙的日常生活中轻易地纵容一下自己，给自己一个奢华体验。我们特向您隆重推荐新的护肤护发产品系列，能让您瞬间拥有奢华的水疗体验。

　　这款产品蕴含着来自海洋深处的神秘精华素，从您开始使用的瞬间，您就拥有了奢华的水疗体验。一旦您选用了这款产品，您就会发现该产品能让你身心愉悦。

　　我们有成熟的产品线，包括沐浴露、润肤露、洗发水、护发素、面膜和美肌修复膜等。

给您的生活带来随时随地的奢华体验

　　通常情况下，护肤护发产品是通过视觉形象进行推销的，而不是产品的实用性。我承接这个任务是因为我想证明自己的一个观点，即消费者在选择购买某品牌的时候，他们常倾向于能给他们带来可见利益的产品。我觉得针

对美容产品的广告大都在销售某种承诺,承诺消费者在使用该产品后能变得更加美丽动人;而很少在推销该产品的真正功效。不管是高科技、低科技、零科技产品、消费品或是 B2B 业务,您总能找到新的亮点去宣传您的品牌、产品或者服务。我相信这个案例已经充分论证了这点,即表达的方式和表达的内容同样重要。

和消费者讨论定位概念是三人组合讨论会的出发点。这些概念对讨论的过程非常重要,但更重要的是消费者如何将这些概念发展成为独特而又吸引人的定位。在下面我将探讨在三人组合讨论中会发生的事情,包括我使用到的全脑思维小技巧,它们能让消费者快速而高效地进行定位。

4．全脑思维三人组合会议成功的秘密

让我们快速浏览一下先前为召开三人组合会做的准备工作。

（1）您已设定好目标。

（2）您已撰写好一份经过周密设计的筛选调查表,并已招募到有广泛代表性的消费者人群。

（3）您已设计好了一系列的定位假设。

那么现在是时候开始您的三人组合会了。

我建议您尽早抵达研究场所。对有些人来说，研究场所这个名词可能比较陌生，其实它就是您观察三人组合会的地点。您会在一个有双面镜和音响系统的房间里工作，以便对三人组合会的主持人（在全脑思维案例中，就是指我），以及招募来参加讨论的三位消费者进行观察和聆听。一般情况下，我们一天之内最多召开五场一小时三人组合会，每场讨论会之间休息30至45分钟。经验告诉我们，经过五场讨论之后，我们所得到的回报会急剧减少。而且，观察和举行这些讨论需要消耗大量的精力。

我喜欢把每场讨论分成四个部分来考虑：认识他们，背景介绍和暗示引导，完善概念，形成理想构思。

认识他们

在这个认识阶段，我向消费者们解释将会发生的事情以及描述整个讨论会的流程。我首先介绍自己，告诉他们我是哪里人。我发现当他们知道我是七个孩子的父亲时，他们会更加愿意配合我的工作。让受访者们对周围环境放松下来的小技巧就是幽默。

对女士，我通常会和她们开关于双面镜的玩笑。告诉她们可以随时在镜子面前摆弄头发，而同时"会有至少五个人在镜子背后盯着你看"。这话并不会让那些已经有了十来岁女儿的参与者感到惊讶，而她们也并不会因为知道有人在盯着看而不去梳弄头发。

对男士，我就会开玩笑说："如果您没有体验过警方的列队辨认嫌疑犯流程，不妨试试您背后的双面镜。"有一次，我们在拉斯维加斯召开一次三人组合会，有个参与者就告诉我，他真的被警方传唤过参加这个列队辨认嫌疑犯流程。我并没有追问原因，可在之后的一个小时我对他进行了密切关注。

下一步，我让小组的所有成员各自用60—90秒的时间进行自我介绍。包括他们是谁，他们生活在这个城市多久了，他们靠什么谋生，也许还会聊一些与他们的家庭有关的话题，以及他们认为自己在这里出现的原因。我会限制介绍时间，因为我发现传统的焦点小组从一开始就浪费过多的时间去收集没用的客户信息。自我介绍的真正目的是借此理解这些参与者的思维方式形成的原因。我可以很快就确定哪些人是不受规则约束的人。例如,如果他们留孩子在家里上学,或不相信处方药,只相信自然疗法等。我可以估量他们为什么以一种特定的方式来回应我的概念或评价,并在完善定位概念、得出结论时把这一点考虑进去。

我也要求这些参与者实话实说,当然,不是因为我认为他们是骗子。而是因为从小学一年级开始,我们就接受这样的训练:我们要争取比班上其他同学更快地举手,用正确的答案来回答提问。因此在每个三人组合中,都会产生表现优异者、领导者及差等生。在讨论中排除课堂抢答行为是我和任何一个三人组合主持者的工作。关键是正确地提问,然后用不同的方式再问一次,当您看到课堂抢答行为时,要果断挑战参与者的陈述。

我希望您能开始明白,主持一个三人组合会需要高超的技巧。这远远不止是与人们交谈那样简单,而是在组织召开成千上万场不同类别的三人组合会后所掌握的专业素养。我能在不同产品类别中建立某种关联,对三人组合会的观察也让我对消费者行为了如指掌,并且我能够解读消费者话语背后的意思，而不是简单地聆听。这些就是我在定位行业的价值所在。这些能力在下一阶段的三人组合会中也将发挥更大的作用。

背景介绍和暗示引导

在了解参与者对所讨论主题的熟知程度时，我会发现一些问题。就同类型产品、品牌或服务存在的问题，我会用类似这些话来表达我的观点："难道您不讨厌……?"或者"我希望……"或者"根据我的经验……"等。然后，我会开始巧妙地引入我曾经思考过的想法，即在定位概念中产生的主导思想，让参与者们自然地接受，或拒绝它们并创建新的思路。在这个阶段，我会引导他们，提供各种暗示，鼓励他们为创建属于"他们自己的想法"而努力。我有时候还会故意不同意他们的观点，让他们向我解释自己的观点，故意装懵扮傻，故意说错他们的话，或者是故意挑拨，让两个参与者互相争论。这样三人组合会在友好安全的氛围下进行，却又不乏激烈的思想交锋。

在这个阶段观察到的东西是非常有价值的，因为它揭

示了消费者的信念和行为。在整个三人组合会中,这部分
内容将耗时 15 分钟或更长,这在很大程度上取决于参与
者进行创意性思考的能力。如果参与者在有提示的前提
下还是无法提炼出自己的想法,那么我将迅速进入下一
阶段。

完善概念

现在,是时候验证我们预先准备好的假设前提了(无论
是承诺说明还是定位概念)。为了阐述的便利,我将用定
位概念来举例。

由于参与者每次只能处理有限的信息量,而每个定位
概念虽然简洁明了,却包含迥然不同的意思,因此每次只
能引入一个概念。在一次三人组合会中,最多可以引入三
个定位概念。在进入这个环节前,我会给参与者派发定位
概念的复印件,并大声朗读出来,这样能让每位受访者都
清楚理解这个概念的意义。然后我要求他们把复印件盖
起来,写下他们记下来的东西。这个并不是记忆力测试,
而是试图发现他们对哪些概念印象深刻。我发现人们能

够牢牢记住他们认为重要的事情。而如果他们啥也没记住，或是记得很模糊，这就说明这个定位概念并不怎么理想。在这个阶段，我需要寻找的是一致性的回应。

通常，我会在这个时候离开房间，让参与者们自行写下他们的想法，免得他们有被监视的感觉。同时，我也有机会和在观察室的同事进行交流，看看他们有什么需要继续了解的信息。我给自己立了一个规矩，不接受从观察室递过来的纸条，或像我认识的某位疯狂主持人一样戴上耳机，让观察室的人进行提问。我并不是觉得耳机有多么令我难受，而是这样做缺少了对问题的筛选和过滤，并不是所有问题都需要在三人组合会中得到解答。

形成理想构思

在听完参与者念出他们写下的印象并和整个小组集体讨论后，我就要求他们归纳出一个最终的定位概念。让他们分别圈出他们认为是积极的和消极的构思，这样我就可以判断哪些可行，哪些不可行。因为我是一个创意十足的人，我可以对他们的表达进行简单的口头修改，以帮助他们完善构思。我经常问的问题是："作者的意图是什么,他到底想说什么?"通常情况下,简单几个字的修改就能让整个句子表达流畅。策划定位是一项严谨的工作。在您反复完善每一个概念的过程中,您将拼凑出发展定位的最有效方法、最简洁有效的语言表达,以及准确的词语运用。经历过多次的三人组合会以后,这些定位概念被不断地重写,也不断地得到完善。

在三人组合会的最后一个阶段,针对参与者们讨论过的三个定位概念,我试图让他们归纳出最满意的定位描述。我们至少重复整个过程八次,不断改良,直到做出最吸引人的符合 3T 法则的定位——可见利益、事实依据和"那就是我"共鸣因素。

这看起来再简单不过。我们提供最好的假设,允许消费者们不断地完善它们,然后理想构思就由此而生。这听起来很容易,可如果您认真研究了本章,您就知道这个过程还是充满艰辛。三人组合会的结果往往很"简单",但过程却颇不容易。

下面是护肤和头发护理产品在经历三人组合会后形成的最终版定位概念描述。

最终版定位概念描述

向您隆重推荐

新的护肤与头发护理产品系列

自然地帮助您的身体进行自我修复

您的身体天生就具备自我修复的能力，只不过有时需要一点助力。最好的护理方式就是纯天然，我们新推出的护肤和护发产品能满足您用自然疗法呵护身体。

本系列产品蕴含纯海洋植物精华素，可在您的肌肤和头发上形成保护膜，让身体从内到外保持滋润、效果更好、更天然。保护膜也让我们产品中的天然维生素、矿物质更持久地渗透，让您拥有柔顺、平滑、自然的肌肤和头发。

我们有成熟的产品线，包括润肤乳、洗发水、护发素、美肌修复膜等。所有产品清新自然，清爽不腻。

帮助您的身体自我修复

现在我们已有写好的定位描述，接下去要通过市场调查使它变得更好。我们将在第五章中讨论。

第五章

数字的威力

市场调查的技巧

　　我觉得自己有足够的资格撰写本章内容，不是因为我的专业是量化研究，而是因为我在二十年前就碰到了一位优秀的市场调查专家，他同时是一位具备创意思维、创业精神和战略思考能力的全脑思考者。他向我倾囊传授他二十多年来积攒下来的宝贵经验，直到现在他依旧向我传授他的智慧。他的名字叫罗恩·纳尔逊，他是我的合伙人。他参与了全脑思维公司所做的所有量化调查。我会借用他的许多哲理,并在本章中阐释他的一些技术。我尊重罗恩有许多原因,但从商业的角度说,我尊重他是因为他有一个非常简单的市场营销调查原则:"别忘记'市场'是'市场营销调查'中的首个词。不要本末倒置!"

罗恩是一个可以在头脑中做卡方统计的人,他还一度在美国东海岸的一家大型量化调查公司担任统计顾问。让人惊讶的是,他做调查的方法异常简单高效。他总是尽量用数学的原理解释问题,而不是用统计学。

多年以前我还是他的客户,当时我就觉得他的调查方法非常新颖;那时我已经对初级市场调查分析师们忍无可忍,因为他们用"重要的统计术语"而不是"重要的营销术语"来解释问题。量化营销调查应当能够帮助您做出实用的营销决定——这就是为什么说数据的表达和解释应当使用营销术语。不要接受"哦"报告。"哦"报告就是房间里所有人都看着数据,看完了声"哦",这是因为这些数据没有引导出可以操作、执行的结论。

要避免得出"哦"的结论,有必要从一开始就清楚地确定目标。接下来,我将概述如何清晰制定您的市场调查目标。

有效的市场调查目标设定：恰当的人、内容和方式

为您的调查设定目标有两个重要原因：

1. 它能够引导营销调查者构建调查问卷。

2. 它能够管理其他人的期待值。

没有什么可以像清晰的目标那样确保市场调查的有效性。我真希望仅此一点就可以确保获得良好的结果。但同时我想说，如果您按照我前面三章提到的步骤进行操作的话，那么将有90%的概率获得量化调查的成功。我是怎么知道的？是数据告诉我的。在通过全脑思维三人组合会进行定位的案例中，90%的案例符合或超出常规的定位调查；且有30%的定位案例在同类别产品的定位调查中名列前茅。被我们成功定位的新的产品、品牌或服务往往在推出后"钱"景喜人。

在我们的字典里，成功案例是指那些仍然活跃在市场上，而在上市三年后依旧盈利的案例。而全脑思维就能创造出一系列令人信服的成功案例。

良好的目标要包括以下信息：

目标受众是谁？是否有进一步细分后的目标受众需要进行调查？只要调查样本够大，您完全可以随心所欲地对数据进行切割。作为一般规则，如果细分后的样本对象少于 75 人的话，那么这样的样本分析就意义不大了。

我留意到现在的许多市场调查不断地扩大规模，所花费的预算也越来越多，很大程度上是因为营销者永不知足，他们总希望去了解更加细分的样本信息。可是根据现有的媒介手段，他们根本就没有办法获取这方面的信息。

打着要让市场调查"透彻完整"的名义，营销者费尽心思地收集这些花哨的信息；可没想到他们又掉进了另外一个调查陷阱——过度分析。我曾听过有人把过度分析描述为"用砂纸打磨瑞士奶酪里面的细孔"。显而易见，过度分析最终将导致市场调查的全面瘫痪。

良好的目标还包括：首先您想知道的是什么？在定位中，您需要学习的第一件也是最重要的事情，就是您所说的话能否激励您的目标受众去行动。消费者是否会去商店购买您的产品，或拿起电话给您的公司代表打电话，或为了一个销售电话安排会面，或让人去网站了解您正在销售什么？其次，您是否比其他竞争者更能激励消费者？如果没有市场竞争，在您有全新创意点子的时候，您会想知道这个新点子能否比旧办法更能激励消费者。这一点非常重要，原因如下：

在过去的 17 年里，我已经主持过成千上万的三人组合会。几乎在每一场讨论会上我都会听到这样的声音："我会尝试这个的！我会尝试所有的新事物！"上帝保佑勇于尝试的人。他们中有人会去尝试新事物，可也有不少人并不愿意这样做。他们是一群随和开朗的人，他们喜欢我演示新点子的方式，重要的是，他们只是希望我能感受到这点。因为有这些"配合"的人的存在，所以我们需要问更多的问题把他们筛选出去。

在进行定位的量化评估时，我建议您使用下面四个问题，这样能让受访者乖乖地口吐真言。这些问题被放入筛选问题之后，能确保您是在与目标受众进行讨论，同时关于定位的表述以概念版的格式进行呈现。我稍后会解释概念版。这四个问题是：

1. 您对购买这个您刚了解到的产品（服务、品牌）的兴趣有多大？

- 非常感兴趣

- 可能会感兴趣

- 中立

- 可能不会感兴趣

- 非常不感兴趣

2. 这个产品（服务、品牌）对您现在所做的事情有好处吗？

3. 是非常有好处还是有微小的好处？

4. 好处是什么？

即使消费者对我的构思表达了浓厚兴趣，我也不认为他们会马上去尝试，除非他们告诉我说这个产品（服务、品牌）会帮助他们更好地完成现有的工作，而且这种好处显而易见。我也会同时阅读他们关于好处的陈述。这些额外的询问是非常必要的，因为在量化评估中收集到的消费者反馈会被累积起来，并最终体现在对新产品潜在销量的预判中。如果您不能准确地判断哪些消费者会真正去购买您的产品或服务，那么您所做的销量预判也将是不准确的。

在掌握了您需要了解的人物和内容后，我们需要界定您利用信息的方式。

调查问卷设计者必须要清楚地知道您将会如何利用调查结果，因为他要根据您的决定而设计一些问题。假如不设计相关问题，导致没有收集到相关数据，分析就难以进行。假如您不问，您也就没有办法进行分析。在这个阶段，您要问一些非常具体的问题。这里有几个例子。

我们将根据收集到的信息决定是否在明年推出新产品，那么衡量成功的关键因素是：

- 购买兴趣。

- 消费者的产品利益感知。

- 性价比。

- 基于市场容量建模的销售潜力预测。

我们将根据收集到的信息决定：

产品或服务的哪些属性需要在广告推广中重点宣传。

- 通过什么样的媒介把产品定位信息传递给消费者（电视、印刷品、直邮、网络）。

- 如何在推出广告方案之前强化定位。

• 加深了解目标群体，以便产生最佳的销售效果。

我们可以单独地研究每一个目标，或者通过一份精心设计的问卷调查来研究全部的目标。当然，我强烈建议让专业人士来撰写调查问卷。如果您想自己写，并通过互联网来收集数据，一些新的调查网站能够帮到您。您可以较轻松地学会运用这些网站，并学会如何设计典型的问题。如果您的目标简单清晰，您做的决定又不会花销太大，用这些网站来帮助您设计调查问卷完全可行。

然而，如果您准备根据搜集来的信息制定重要的决策，就如同上文提到的那些重大决策一样，那么您就应该邀请专家来帮忙。问题的设计是一门艺术，而这门艺术只能通过经验来获取。而且，调查问卷上的问题基本上都是相互关联的。只要问错一个问题，剩下的问题就可能会出现偏差，从而导致整个问卷调查丧失参考价值。我可以告诉人们我会做很多事情，比如修车、在家给孩子上课和股票交易等。可这些不是我胜任的事情，因为我不是这些方面的专家，我会犯错误。如：汽车半路抛锚，辛苦带大的孩子除了营销啥也不会等。这就是为什么古话说："鞋匠莫离鞋楦，管好自己的事。"我尽量遵循古话。

把调查展现在目标受众面前

在您明确了目标后,可以开始实施调查了。营销调查者用术语"实施调查",将他们在问卷调查过程中所做的事情称为"田野调查"。田野调查包括三个基本步骤:

1. 完善调查方法和调查问卷;

2. 发放调查问卷给目标受众;

3. 收集数据。

根据事先设计好的目标展开的研究手段就叫调查方法。每个行业都有属于自己的语言——营销调查也不例外。我曾经使用很多种方法来收集信息,尤其在我为金佰利公司、百时美施贵宝公司和罗勒公司做品牌管理工作期间。自从我离开美国大公司选择单干后,我主要用以下三种办法收集数据:承诺评估、概念评估、概念/用途评估。我们将在后面进行详细的解释。

调查方法和调查问卷是根据您预先设定好的目标设计的。首先要做的是筛选,就像您在招募消费者参加三人组合会一样,而这次的筛选过程不需要那么精细。我们只需要为您的新构想招募合适的目标受众就可以了，而不需要去深究这些受访者的心理、信念与行为特点。很多筛选工作都可以自己独立完成，尤其是网络问卷调查。这里我建议您尽量做到言简意赅，并注意不要侵犯受访者的隐私。

　　真正的定位调查是在筛选之后进行的。调查问卷应在专业人士的帮助下设计，同时我会始终要求客户也积极参与其中。如果调查目标已经被清晰地描绘出来，一名优秀的市场调查人员应该可以迅速地撰写好调查问卷。然后这份调查问卷就成了一个意见交流的动态文件。优秀的调查人员能够帮助您精简调查问卷的长度，让您得以获取最重要的信息，而又不会让受访者觉得不厌其烦（在市场调查行当里面，我们把受访者称为"应答者"）。请留意，当您不能根据受访者提供的答案进行合理化操作的时候，那么这样的问题您最好就别问了。请记住，我们不接受"哦"的报告。

　　因为不仅操作简单，而且成本低廉，通过网络手段进行受访者筛选和问卷调查管理如今变得越来越流行。我的许多客户也开始使用网络调查。当然，和传统方法相比（如：电话访谈、在专业研究机构进行的面对面访谈，以及在像商场这样的公共场所进行的访问等），网络调查也有其自身的弱点。我还发现假如调查问卷里不存在大量开放式的问题（受访者不仅仅是简单地回答问题，还要写下自己的看法），那么网络调查的效果也很不错。很遗憾的是，大多数人的书面表达能力都很差。假如您是做现场访谈（电话或商场），采访人可以记录下受访者的口头表述，并得到更具思想内涵的答案。尽管网络调查有其不完美之处，可源于其优异的性价比，没有哪个客户会轻易放弃网络调查，量化研究调查者也应该早点认清形势。如今，许多市场调查的业内人士也开始乐于接受网络调查，就如同新兴技术在行业内推广一样。

现在，我将向您展示一个简单而又有典型意义的筛选工具和问卷调查，我们曾成功使用它们对定位进行在线评估。

样本筛选与问卷调查

这是一个评估宠物护理新概念的筛选工具和问卷调查，里面还有一些附带的注解说明。首先有 7 个筛选性质的问题,以找到最合适的目标用户。在这个案例中,我们需要寻找高龄宠物的主人。我们将高龄宠物定义为至少七岁以上且有健康问题的宠物。

今天,我们希望能够获得您对高龄宠物护理产品及服务新构思的意见。请记住,我们并不是要求您购买这些产品及服务,也绝不会在市场调查期间向您推销任何产品。我们只是征求您的意见。如果您符合进行这项调查的资格,只需花费大约六分钟即可完成调查,您将获得机会参加 50 美金、75 美金或 100 美金的现金抽奖,获奖概率为1∶50。

1. 您是户主吗?

　　a. 是的(继续)

　　b. 不是(停止)

2. 您现在家里养了以下哪些宠物?

　　a. 只有狗(继续)

　　b. 只有猫(继续)

　　c. 狗和猫(继续)

　　d. 都没有(停止)

3. 您是家里最经常照顾宠物的人吗？

　　a. 是的（继续）

　　b. 不是（停止）

4. 您养了多少只狗？

5. 您养了多少只猫？

6. 您的宠物（们）多少岁了？

　　a. 1 至 3 岁（停止）

　　b. 4 至 6 岁（停止）

　　c. 7 岁或以上（继续）

7. 您的宠物是否有以下健康问题或疾病？（勾选所有适用选项）

　　a. 慢性皮肤瘙痒

　　b. 无精打采

　　c. 毛发稀疏或异常脱落

　　d. 听力或视力减退

　　e. 糖尿病

　　f. 以上都没有（停止）

它们是我们家庭的一分子,随着岁月流逝,它们需要得到更多的照顾。它们是我们的宠物,和我们一样,它们的生活也可能因各种原因变得艰难、不安,甚至痛苦。

"高龄宠物公司"是一家全新的公司,在此提供上百种针对年长宠物的产品方案,并能将这些方案直接交付给您。您可从中选择各种各样的日常生活援助、营养补充和不易找到的物品。您无须支付任何运输费用,只需通过电话或网站下单,三天即可收货。公司还提供专业人士在线咨询服务,每位与您交谈的产品专家都曾经或正在照看年长宠物。他们了解您的感受,并受过专业训练,知道如何帮助您。

因此无论您的宠物患有关节痛、慢性皮肤和毛发疾病、膀胱控制疾病、糖尿病,甚至是丧失听觉和视觉,高龄宠物公司都已从世界各地找出了解决方案。所有产品均已证明安全有效,且保证100%满意。

概念版

当消费者通过筛选后,您可以向他们展示体现您定位构思的概念版。因为增添了视觉效果,消费者可以很舒服地浏览您的构思。

我认为概念版的设计应该和印刷广告一样精美。概念版展示了独到的创意,理应用最好的展示效果呈现出来。我知道很多人有不同意见,他们坚持认为概念版只能用最朴素的形式展示出来,采用标准化的设计,不需要过分吹嘘您的构思。因为他们担心概念版设计太精美的话，会让构思在执行阶段出现问题。对此，我觉得我们应该相信消费者们的眼光，我深信巧妇难为无米之炊。同样，再漂亮的视觉效果也无法拯救糟糕的构思。再说，在评估三人组合会产生的定位构思时，根本无须怀疑构思的好坏，而是要确定这个构思到底有多好，以及这个好构思的构成因素。因此，尽可能地把概念版设计好，邀请经验丰富的平面设计师来操刀设计。请您记住，文案为王，文字，所有的视觉效果都是为之服务的。

上图展示了卡拉·哈米尔——我的平面设计师，为高龄宠物精心设计的内容。

您在阅读这个概念的时候，会发现第三章讨论的定位五步法得到了严格的贯彻——问题、解决方案、好处、运作方式及答疑；而且对这个概念的阐释富有创意。

有些市场调查人员和我进行了争论，他们认为我为高龄宠物设计的概念版（以及我为成百上千个产品、品牌、服务所设计的概念版）包含了太多的文字。我坚持认为我做的概念版包含了适量的文字内容，这些内容也得到了三人组合会参与者的再三确认。所有需要评估的内容都在概念版中得到体现,这些能帮助我们理解消费者们对构思感兴趣的原因。请记住,我们是在评估,而不是测试;当构思没有表达出来时,我们也就没有办法对它们进行评估。

因此,如果您的广告文案长了些,也别担心。莫扎特也曾被质疑说他的歌剧用了太多的音符。他当时很吃惊,完全可以回答说:"批评家能否建议到底应该删除哪些音符?是每隔一个就删除一个吗?"可莫扎特没有这样回答,他的回答是:"我的歌剧的音符都是必要的,一个不多,一个不少。"因此我认为如果消费者认可概念版的文字量,又能充分理解这是经过三人组合会整理出来的构思,那么就无须为这个担心。生活中到处都有批评家、爱发表意见、评头论足的概念测试专家。另一方面,我有许多成功案例可以证明我的操作方案切实可行。

精心设计调查问卷搜集信息

在调查对象看过我们的构思后,就可着手问问他们的想法了。后面几个问题旨在找出:

这个构思是否有吸引力(他们购买的可能性有多大)?

这个构思是否有好处，是非常有好处还是有微小的好处？

这个构思是否有任何方面让人难以相信？

这个构思的哪些部分最为重要？换句话来说，这个构思的哪些方面引起了他们的兴趣？

这个构思是否有价值？

他们希望听到这个构思如何被表述的？

其他有关这个构思的、可能有助于您营销的信息。

调查表接下来的内容是 22 个问题，将为我们提供所需要的全部信息，以便制定与新定位有关的一些重要决策。

---

1. 现在您已读过对这一新构思的描述，您对订购这个新公司的产品有多大的兴趣？

   - 非常感兴趣

   - 可能会感兴趣

   - 中立

   - 可能不感兴趣

   - 非常不感兴趣

全脑思维

2. 您为什么会有这样的感觉?

   _____

3. 假设您喜欢所描述的构思,并想要订购新公司的产品。
   您最可能用以下哪个方法来订购产品? 勾选所有适用
   选项。

   - 网站
   - 免费 800 电话
   - 填写商品订购表并邮寄
   - 填写订购表并传真
   - 不知道

4. 您为什么会有这样的感觉?

   _____

5. 假设您有兴趣通过访问公司的网站来订购这一产品。
   相比宠物商店的价格,您预计网站提供的产品价格会:

   _____

   - 比商店高很多
   - 比商店高一些
   - 与商店一样
   - 低于商店

- 不知道

6. 为了能享受从家里购物的便利,相比商店而言,您愿意支付略高的价格吗?

- 愿意

- 不愿意

- 不知道

7. 与普通的宠物产品购物相比,您认为高龄宠物的高价服务物有所值吗? 只要您多支付一点费用,您将获得该公司提供的送货上门、专家服务和专业产品服务等。

- 昂贵但值得

- 不贵而且值得

- 昂贵却不值得

- 不贵但是不值得

8. 除了试图让您购买产品外,广告的一个主要构思是什么?

_____

9. 根据您看到的描述,您认为这个构思能对您目前获得所需高龄宠物护理产品的方式提供任何重要的好处吗?

- 能

- 不能

- 不知道

10. 这些是主要的附加利益还是次要的附加利益?

    - 主要的附加利益

    - 次要的附加利益

11. 这些好处是哪些?

    _____

12. 广告中描述的新构思有没有您觉得令人难以相信的地方?

    - 有

    - 没有

13. 您发现难以置信的是什么?

    _____

14. 广告中描述的新构思中有没有让您疑惑或难以理解的地方?

    - 有

    - 没有

15. 您发现的令人疑惑或难以理解的是什么?

    _____

16. 您认为下文中对新构思的各种描述准确程度如何？答案没有正确与错误之分。

	完全相符	非常准确	比较准确	有一点准确	完全不符
这家公司的所有者非常理解高龄宠物的护理					
提供经兽医或研究认可的产品					
为您提供最便捷的护理					
有经验丰富的专业人士提供解决办法					
为高龄宠物提供品种繁多的、难得的品牌、产品及可选方案					
为您提供比自己购物更具价值的购物方式					
产品送货上府					

17. 下列描述多大程度上会影响您对新构思的兴趣呢？答案没有正确与错误之分。

	极其重要	非常重要	有些重要	不太重要	完全不重要
为高龄宠物提供品种繁多的、难得的品牌、产品及可选方案					
为您提供比自己购物更具价值的购物方式					
为您提供最便捷的护理					
这家公司的所有者非常理解高龄宠物的护理					
提供经兽医或研究认可的产品					
有经验丰富的专业人士提供解决办法					
产品送货上府					

18. 您希望从哪里初次了解到这个新构思？勾选所有适用选项。

- 您的兽医
- 寄送到您家里的邮件
- 网络广告
- 收音机或电视广告

- 朋友、教堂或你所属的团体

19. 如果您希望最先从电视或收音机广告中得知这个构思，能够最有效地传递这个信息的方式是什么？

- 从宠物主人和它们的家人口中

- 从一个全国知名的、目前或过去曾经拥有高龄宠物的代言人口中

- 从一个当地知名的、目前或过去曾经拥有高龄宠物的代言人口中

- 从一个兽医或动物专家口中

- 从一个产品用户口中

20. 如果您希望最先从寄送到您家里的邮件中获知这个构思，什么样的信封更有可能吸引您打开它？

- 免费提供试用装

- 提供五元优惠券

- 突破性新产品的广告

- 提供抽奖机会

- 提供免运费服务

21. 您希望公司在一天中的哪个时段能有专人与您交谈？

- 24 小时

- 上午六点到下午六点

- 上午七点到下午七点

- 上午八点到下午五点

22. 如果线路繁忙,您对给高龄宠物护理专家留言,以便他们立即给您回电有什么看法?

- 我会留言

- 我不会留言

虽然大多数问题都不需要另作解释,我还是想指出一些有趣的提问方式。首先,您会发现有许多简单的问题,人们只需点击鼠标即可回答(封闭式问题),而其他开放式问题则需要填写方可完成。有时候为了急于分析数据,营销调查者不会过多留意开放式问题。但是我喜欢阅读人们写的内容,因为即便可能出现语法错误或拼写错误,我仍然可以了解他们为什么会喜欢我的构思以及喜爱的程度。而且,有时候可以从中得到一个构思的精华,有利于广告的策划。我曾经与一位儿童玩具生产商合作,他发明了一种可以让父母亲更容易组装大型木制玩具的方法。在一个开放式问题的答案中,有人写下了一句绝妙的广告词:"当我看到这个概念时,我一直对自己说,嘿,我可以做到。"猜猜后来怎么样?"嘿,我可以做到"成了这家公司推广这个品牌时所用的广告词。

除了开放式问题外,我还会关注另外两个方面的问题。第一个是这个构思的定价是否合理。我的朋友罗恩·纳尔逊又找到了一个提问的方式。在用这种方式询问一个人是否觉得价格合理时,可获得远不止"是"或"不是"这样的答案。请回顾一下问题7。它采用的询问方式迫使客户同时根据价格和价值的基准来回答问题。通常来说,有关价格的问题是依照从昂贵到不贵的尺度来提的。用这个方式提问的弊端在于获得的答案是单方面的。有些东西是昂贵的,但却物有所值,比如奔驰;或是不贵,但也值得,比如丰田花冠。这两个例子中的客户都是在告诉您,他们愿意为了这样的汽车支付这样的价格。因此,在问有关价格的问题时,请确保在问题中同样询问有关价值的问题,否则您获得的结果将是不完整的。

继续往调查表下面看,在问题16和17中,您看到一系列摘自概念版的描述。这些是定位的属性,或"事实依据"元素。从两个层面来说,这些是非常重要的问题。首先,它们告诉我们这些描述对构思是否重要;其次,它们告诉我们这些构思对消费者是否重要。这些问题能帮助您在从定位发展到广告策划时弄清楚应该强调哪些方面。我们应该仔细对待那些表示对构思感兴趣的人所给出的答案,并将这些答案归纳起来,总结出引起他们兴趣的产品特性。透过这个评估,我们可以给产品特性排序,开始向能促使人们购买产品的广告词靠拢。这就是为什么我喜欢评估通过三人组合过程审核得出的全方位定位的概念描述。如果我不能将客户所说的重要特性全部恰当地表达出来,就不能做好最为重要的量化评估工作。我经常看到只具有基本元素的概念限制了量化评估的威力,给创造力增添了太多的束缚。

分析结果与"选美比赛"

我看到数量惊人的客户把营销调查当成"选美比赛"一样来使用。他们把一些定位描述夹杂在量化测试中(并非完整评估),并询问一些有关是否对构思感兴趣的基本问题,例如:

您对购买刚了解的产品有多大兴趣？

☐ 非常感兴趣

☐ 可能会感兴趣

☐ 中立

☐ 可能不会感兴趣

☐ 非常不感兴趣

然后，他们把以上问题的答案做成表格，并以此制定决策。他们根本不理会是否还需要搜集其他的重要信息。时机是最重要的，他们需要决定很多重大决策，而每项决策可能都涉及好几百万美元。他们就以这种方式做决策，导致了糟糕的营销后果。

我在年轻的时候，对市场调查缺乏经验，我也经常掉进这样的"选美比赛"陷阱。我现在知道其中的原因了。首先，我没有受到正规的训练；其次，品牌管理是竞争激烈的行业，从业人员尤其忌讳因优柔寡断而丧失机会，即使在今天也是这样。另外我要加上这个社会现象——在当今社会，我们希望每件事情都能简单而快速地得到解决。"选美比赛"心态使人们能简单而快速地做出决定。

资深的分析师能通过诊断法评估您构思的优劣，为什么好、好在哪里、哪方面需要加强。只有一两年经验的分析师是无法做到这点的。我建议不要让公司内部的消费者洞察小组、市场调查小组，或是其他类似命名的小组来插手做这件事情。我建议找一位有几十年从业经验，并自己创业的分析师（这样能证明他真正理解市场营销），他会让调查结果熠熠生辉。

分析师应该会对数字进行深度解读，对数据进行对比分析，提供有层层证据支持的结论，并指明营销的方向。让分析师大胆地说出他们的观点，同时您也可以大胆地挑战他们的看法。我曾有过惨痛经验，因为没有做好分析工作，差点就犯下了严重的营销错误。下面就有这样一个例子。

为了赶工向公司高级管理层交差，一位聪明但缺乏经验的市场调查人员仓促地起草了一份针对新的婴儿护理产品——尿不湿的定位评估的营收报告，这份营收报告包括了消费者购买兴趣分析、一些开放式的总结和一张图表。这张图表认为我们准备推出的新产品线在"柔软度"这个特性上没有办法和同类产品的领军企业抗衡；该领军企业在"柔软度"上占据统治地位长达数十年之久。这位

年轻的市场调查人员因此评论说"根据这份报告推出这个
新产品是个错误的想法。"

我的团队已经花了整整四个月的时间来开发这个定
位，我们围绕着母品牌性能稳定和持续创新的特质打造这
个新定位。母品牌的特点被消费者熟知，也使它成为全球
第一的尿不湿品牌。我们在开发新产品的时候延续了母
品牌的独有特质，并同时强调我们的产品同样柔软。我们
很清楚我们没有办法在柔软度这个特点上和竞争对手进
行比拼，可我们觉得可以通过某种手段使产品的柔软度不
再成为竞争的焦点，而仅仅是柔软程度的差别，这样我们
可以和竞争对手进行一场势均力敌的抗衡。我们的设想
也得到了参加三人组合会消费者的认可，我们相信这是切
实可行的方案。因此，当看到这份营收报告的时候，大家
都闷闷不乐。

情况变得越来越糟糕。当这份不完整的报告被广泛传
阅以后，我们被公司管理层指责没能开发出更好的产品定
位。随后，我们查阅了新产品定位评估的所有数据，并开
始着手研究。我们很快就意识到，这个定位不仅准确地表
达了我们的原有意图，它同时还和母品牌的用户进行了沟

通。可问题是，参加市场调查的消费者不单看过我们新产品的定位概念版，同时也看过主要竞争对手的定位概念版。因此，假如您让这些消费者就两种产品的柔软度进行单维度的对比，我们肯定是处在劣势，因为我们根本没有大肆宣传我们的柔软性特点。

但当我们更加深入地挖掘这些数据，我们新产品定位的其他优势就体现了出来，比如效果。这些优势和消费者购买兴趣密不可分，同时也和母品牌的特质紧密相连。我们向客户展示了我们的调查结果，并希望他们能再次接受我们的定位方案。最后我们花了整整四个月时间使这个项目重归正轨。幸好我们很顽强，最终我们成功地推出了新产品。后来我们还为稍微大龄一点的孩子又推出了一款新产品。

如果您经营自己的生意，或者正在负责一项实地市场调查项目，那么请您务必小心谨慎。因为给您起草报告的人往往承受了巨大的压力，而他们又没有经验，导致他们所撰写的报告以偏概全。我建议您多花两星期的时间研究这些报告，并尤其注意运用诊断分析法。之前就是因为这一步骤的缺失，一个大好机会差点与我们失之交臂，想想我就觉得不寒而栗。

对其他评估方法的总结

我完全可以花上几章来讨论量化研究，可我想想还是留着在下一本书中来讨论。在结束本章之间，我想谈谈其他的评估方法。

首先是"承诺评估"，它将和我在前一章讨论的"承诺表述"共同使用。承诺表述就是描述消费者利益的一个句子，以及消费者相信您的理由。在三人组合会中，我们预先准备了一系列的承诺表述，然后与消费者一起完善它们，并用消费者的语言描述出来。一般在讨论前我们会准备 50 个承诺表述，在会后我们能筛选出 25 个表述清晰而又措辞严谨的承诺表述，它们就成了量化研究重要的促进因素。

当我有许多定位构思需要整理的时候，尤其是在新项目开始的时候，我就会使用到定位评估。它对制订新产品的长期规划特别有用，能将定位构思分解为短期、中期或长期的机会。

　　承诺评估能帮助我们客观地审视每一个承诺表述,包括这些表述的感染力、对产品独特卖点的描述,以及帮助消费者解决问题的能力。如果我们与消费者面对面进行沟通的话,每个构思将被打印到 3×5 规格的卡片上,而消费者将对每个构思进行评估;而如果通过网络的话,消费者将单独地评估每一个构思。评估的重要指标包括:消费者购买意愿、消费者利益认知、产品独特性和价值等。通常情况下承诺评估将使用到大量样本(五百名消费者或更多),市场调查人员通常都会吸纳更多的消费者人群参加评估活动。这样承诺评估也就成了强大的调查工具,能让我们清晰地认识到不同消费者群体对不同构思的反应。

　　承诺评估的结果被收集起来并加以分析。少部分的承诺表述能够脱颖而出,并最终发展成为精确的定位概念。但是这并不意味着我们要抛弃其余的承诺表述。这些表述都经受了统计工具的测试以确定最佳定位构思。换言之,某些承诺表述可能自身不够强大,可它们可以作为最佳定位方案的有利补充或辅助。作为一名专业的创意人士,我可以感知到消费者的兴趣所在,从一些承诺表述入手,并能满怀信心地开始构建产品概念。

在有了产品原型样机后,我将谈谈另一种量化评估方法。我们前几页看见的调查表,是一份概念评估。当我们把产品添加到概念评估时,它被称为概念使用评估。其实道理很简单,在产品被正式推荐给消费者之前,我们对产品概念进行了评估,以理解消费者对该产品的兴趣。然后,我们将产品交给消费者试用,通常是两个星期,然后再询问他们同样的问题,即那些在概念评估中问到的问题。在这个阶段,我们需要判断产品的广告是否和产品的实际品质相符。通常情况下,消费者都会满意产品的品质;可是,也有消费者并不满意产品的试用情况的时候。在这时我就需要确保产品的广告不能言过其实;同样,我也不希望看到产品的优点没有在广告中得到充分的体现。进行这样一个概念使用评估有助于保持整个概念的平衡,或是把您的产品研发人员打发回实验室,让他们改进产品品质,并兑现对消费者的承诺。

概念使用评估也能够帮助我们精确地预估新产品的市场销量。这将是我们在下一章讨论的话题,同时我也给您提了一些建议和意见,以帮助您完善构思,并为新产品上市做准备。

第六章

不要惧怕成功

竭力维护您的构思

我之所以把这章内容称为"不要惧怕成功",是因为在好消息面前我的客户常常不知所措,这让我感到非常失望。我对一个好构思展开工作,对它进行定位、评估,并得到理想的结果。然而,那些对新产品上市有决定权的人士(如:高层管理人员、银行家或投资者)往往在这时候表现得畏畏缩缩,就如同在车头灯照射下的驯鹿一样。他们给人的感觉好像是更喜欢听到坏消息一样。对此我有个理论。我认为问题的症结在于我们培养业务经理的方式。

在商学院,至少是我上的那家,老师们教我们如何解决问题。这就意味着在默认的情况下,总是有潜在的问题需要得到纠正;没有老师教我们要果断决策,并迅速把握机会。曾经有一位高级管理人士告诉我说我的职责就是要稳健地提升销量;其实我感受到的,以及我觉得他真正想要说的是:"我们来谈谈创新,可创新的步伐不应该太大"。我同时也理解其背后的缘由。创新意味着风险,风险则意味着错误,而错误往往会威胁到职业前景。

我们必须要改变观念才能使创新在美国企业界真正流行起来,同时也能让那些掌管了新兴企业家财政命脉的人们真正尊重创新。我最近参加了一个在百森大学举办的商务教育研讨会,百森大学可以说是世界上顶级的商业院校之一。可是作为一名企业家(全脑思维咨询公司并不是我唯一的工作),我得说我对学术界培养企业家的方式心存疑虑。坦白的说,我遇到的很多学术界人士都不具备真正的实战经验,而实操经验对于商科领域的教授来说实在是至关重要。

然而,我在百森大学接触过一种所谓用于培养企业家思维的进化策略，而这个策略并没有教人们如何成为一名企业家。这个策略的一个组成部分就是从成功企业家中辨别出最能做出冷静决策的商业专才。大多数人都能理解这种做法，可学术界的谨慎细致还是会让您感到惊讶。我曾经在美国查塔努加市的田纳西大学担任过驻校执行官，我就对此感触颇深。我发现企业家与学者的合作总能擦出火花，并使双方都获益。企业家学会透过现象看本质，而学者学会了如何与时俱进。

当我们教的学生将来成为经理或是企业主，愿意承担风险并勇于创新的时候，我相信到了那一天，创新终将在美国企业界大行其道，而不仅仅是嘴皮上说说而已。要达到这个目的，我们就需要培育创业思维。

引领全局

我们假设您已经理解风险，愿意接受挑战，并把经过充分定位和论证的新产品推向市场。您将马上意识到其他人并不像您那样热衷于这个构思。那么，您又将如何激发这些人的兴趣，并让他们帮助您实现您的愿望呢？

在前面几章里,您已经学会如何把一个创意发展成为定位精确的概念,并用定量评估来证明定位概念的潜力。为了帮助您更好地进行新产品或新服务的市场投放,我想和您分享一些我的经验,以帮助您获取到更多的外部资源。这些都是我好不容易得到的经验教训,因为我天生就对政治不敏感。大多数企业家和新产品经理同样也对政治不敏感。这可能就是命运开的玩笑,勇于冒险的人需要和另外一群人竞争资源,而这群人总希望在每一个决策中剔除风险。因此,当面对银行家和高级管理人士的时候,我们必须大胆地宣传我们的定位构思,用他们的语言和他们展开对话,让他们相信您的新产品值得投资上市。我的合作伙伴汤姆·威尔逊说得最好,他将这个过程总结为"持之以恒甚至是蛮不讲理地坚持"。

预测产品创意的销量潜力

这个过程开始时是向别人展示您的新构思能赚多少钱,用一个花哨的字眼来说就是"销量预测"。

当我还是初生牛犊,在金佰利公司担任新产品经理时,我接触到了一种预测产品创意盈利潜力的方法。这方法包括对以下三种情况的合理猜测。

1. 我愿意在广告和推广上花费多少钱，以提升知名度；

2. 我可以把我的产品投放到多少个商场进行销售，即所谓分销；

3. 我认为产品的定价是多少。

在对试用率（根据您在上一章所学到的量化测试，有多少人说他们有购买兴趣）与重复购买率（消费者一年当中会有几次重新购买我的产品）进行预测并综合评估后，金佰利公司的专家们告诉我，在新产品投放市场的首个年度，产品的实际销量会在我们预测的销售数据的20％上下浮动。这些听起来都不错。

又有人告诉我，隐藏在这个强大的销量预测背后的秘密是一个复杂的"运算法则"，而且它还是专利技术；而这就是为什么在1985年进行这样一项复杂的测试需要花上6万美金的原因。像许多营销人员一样，我对采用"运算法则"来工作的想法非常兴奋。这可是连我那有着化学工程博士学位的父亲都乐意去学的东西，而且这还是项专利技术，听上去是多么高深啊！这对那些像我一样有着某种自卑情结的人来说特别有吸引力——我们从事市场营销工作，是因为我们没有办法从事像工程或医药等更具学术挑战性的工作。我是说，让我们面对现实吧！我们之所以从事营销工作，很大程度上是因为我们不喜欢运算法则和经济法。数学和法律大概是我们在大学里最讨厌的两个学科。这就是我们选择营销的原因，因为我们不会做算术题。

为此，我学会了用营销行话来掩饰自己的自卑，并让自己相信营销是不错的职业选择；而这个毛病我花了好几年时间才纠正过来。我现在可以告诉您，当发现自己完全可以用简单的语言描述营销的时候，您会有一种如释重负的感觉。我对所有营销人员，尤其是那些刚入行的人的告诫是，当有人来向您吹嘘某种和"黑箱"理论一样高深的营销技巧时，您应该专心地听，同时心中要有戒备心。在这个行业已经有接近三十年的从业经验，我发现这个行业中所有最成功的方法都是透明的。而我也就是根据这个原则创建了全脑公司。

现在，根据透明的原则，我即将向您展示一种可靠的方法，它不单能让您节省十万美金费用，还可以精确地预测销售潜力，其精确度完全可以和基于"黑箱"讨论（blackbox)的市场容量预测模型相媲美。根据我对其他昂贵测试服务的比对观察，以及我多年的从业经验，我将做一些假设。我将运用数学，而不是运算法则，而我的假设也不会像在1986年还只是初级营销经理时那么肤浅。运算模型中最复杂的环节就是围绕着营销计划展开的相关假设，而这部分工作往往由那些最缺乏营销经验的人来完成。另外，营销计划里的表格和模板都异常复杂，初级营销经理们只能向外部门"求援"（这又是一个令人窒息的营销术语），为此他们向广告代理商索要媒体方案，并向推广部门索要推广计划等。可实际情况是，这些代理机构或推广部门根本不愿意为了一些可能永远也无法上市的新产品撰写计划，因此，您猜得没错，这些重要文件的撰写也落到了初级文员的身上。类似的情况不断地重复，最终这些材料被整合成为尖端的研究报告。整个过程貌似无懈可击，每个环节都经过了精心的准备，可事实上却非常不现实。

所以，根据这些信息的输入，以及相关经验的运用，您觉得黑箱的另一端生产出来的会是怎样的结果呢？您猜对了，这样的预测结果将会和新产品的实际销量相差甚远。

接下来发生的就更糟糕了。

　　高级营销人员并不尝试去修正过程中发生的错误，他们往往会借口说"市场容量预测建模只是浪费时间，永远都不可能非常准确"。对此我坚决不同意，当我尽量保持市场容量预测建模的简单化时，它所生成的销量估计和新产品的实际销量之间的误差能维持在5％以内。我已经证实了这点，因为我已经将通过这个方法获得的预测结果与全脑公司负责推广新产品的实际销量进行过对比。

免费且简单的销售潜力预测模型

　　我希望您在按顺序阅读本书，而不是跳跃式地读。但我拥有全脑思维的思考方式，我有时候从一本书的后面开始读，读杂志时，几乎每次都从后面开始。我的妻子说我很怪，我说这样可以节省时间。这跟我看运动项目的方式差不多——球赛的第四节，第九局，任何NBA比赛的最后两分钟。不过，让我们回到销量预测模型这个话题。

　　这里有一个含四个纵列的图表：公式、输入信息、数值及说明。我将继续使用我在上一章所用的高龄宠物的产品创意作为例子以及我们为这个产品创意进行互联网量

全脑思维

化研究所产生的结果。我在查塔努加的田纳西大学的高级班里用了这个例子。令人印象深刻的是,这些"孩子们"多么容易就能够理解和使用我的销量预测模型。

销量预计表

公式	输入信息	数值	说　明
A	目标顾客	4,500,000	饲养的宠物超过七岁,且有健康问题的宠物主人的数目。可在互联网查询;大多数时候,您可以用谷歌搜索所需信息。竞争者的网站,或美国人口普查数据,都是收集信息的有效渠道。
B	潜在顾客试用估计	9.66％	从量化评估中得来。记住,这些是明确说确定或有可能使用新产品的人,他们会对新产品与他们正在使用的产品进行比对,并清晰地阐述新产品的好处。这种计算很容易。同时,我还认为确定与可能会使用新产品的人的比例为80∶20;我还认为那些对新产品表达浓厚兴趣的人会比那些泛泛说可能会试用的人更加有可能会购买产品。
C(A×B)	潜在顾客总数	434,700	只是乘法。看,没有运算法则!

（续表）

公式	输入信息	数值	说　明
D	品牌认知度	2％	这是能够通过第一年的广告或推广知道您的构思的平均人数。总是按低水平来估计它——2％至5％对企业家来说是个不错的数值。对于在美国企业的人来说，除非有上亿元的资本，否则这个数值永远不可能超过20％。
E	分销	100％	在基于互联网的业务案例中，数值为100％。在传统商店业务类型的公司里，按最佳和最差产品的ACV（所有商品量）*测量得出的平均分销水平。大多数小公司最多可以达到20％的数值。如果您的公司较大，在首个年度或许可以达到40％至60％。
F(C×D×E)	试用人数	8,694	知道您的产品并能找到购买地点的潜在顾客的人数。
G	售价	$60	您的产品在零售店的平均售价。对于高龄宠物来说，这是获得免费送货服务所需的价格水平（$60）。

（续表）

公式	输入信息	数值	说　明
H(F×G)	试用销量总额	$521,640	您已经努力到现在，别放弃——这只是四年级的数学题而已。
I	重复购买率	50%	如果您的构思好，试验对象中至少50%的人将会再次购买。
J(F×I)	重复购买人数	4,347	对您的产品或服务满意，并回来购买更多产品的顾客数量。
K	重购价格	$180	您的产品的平均零售价格乘以人们在一年内重复购买的次数。对于高龄宠物而言，这个金额是按可以获取免费送货服务的价格水平($60)至少乘以三。
L(J×K)	重复销售额	$782,460	再简单不过的算术。
M(H+L)	首年销售额	$1,304,100	把它加起来。

　　*（ACV)是指在特定地区内，某种商品的年度成交总金额，表述为该商品占总市场的百分比。例如，在沃尔玛的销售量可能占所有该产品销售量的30%。因此，如果您可以将您的产品放上沃尔玛的货架，就拥有了30%的ACV。

　　让我正式声明一下，要是您能够负担得起，我建议您不要停止使用大型的销量预测服务。我不是一个数学家或统计学家,肯定有人可以使我的初步模型更精密。我所要论证的是销售潜力预测背后简单的逻辑推导过程,您有必要了解用到的变量及其计算方法。上面的列表对于营销者的重要性就像损益表对会计人员那样。

如果您的会计不知道损益表的内部运作关系,您很可能会解雇他。不仅如此,您还希望他能用最简单的语言向您解释这个损益表,因为这是测量您在赚多少钱的方法。销量预测的作用也是如此。您需要知道销量预测是如何确定的,因为如果不知道销量数据,您连一丁点业务计划都做不了。这就是为什么我始终推荐销量预测的原因,它能给我们带来震撼性的发现。

您可以不停地计算到底要在营销上花费多少钱,以及您的这些投资能带来多大的收益,而这些计算往往停留在理论层面;而销量预测是所有企业家和新产品营销人员获得事实的唯一办法。

我知道你们中的不少人在取笑高龄宠物的市场规模——区区 130 万美金的销售额。当我刚刚晋升品牌经理,开始运作重大项目时,同样也会取笑它。下面我讲一个故事,或许能够对您有所启发。

全脑思维

在百时美施贵宝公司从事新产品开发的工作时，我有个构思，是关于一种清除领带、西装等衣物污渍的去污剂，可以在出差时随身携带。我在公务旅行人群中很小的一个范围内对这个构思进行了测试。这个构思的销量评估所得结果是200万美元，毛利率为70%。在向我们部门的总裁汇报时，我对这个构思只字不提。因为我还有其他的新产品概念，它们更宏大，并且更迎合我们公司的"核心竞争力"——我们认为我们擅长的方面。我们部门的这位总裁是一位富有创新意识、喜欢新产品的人。他问起我关于便携式去污棒的事——可以用类似俏唇润唇膏那样的容器把去污剂装起来。您只需要把它扭出来，擦上，污渍就消失了。我当时还只是三十岁出头的愣头青，不把他的问题当一回事，说这只不过是一个200万美元的生意，几乎不值得考虑。他盯着我的眼睛看，说："哦！我没注意到你去年赚到了200万。"他的话让我无地自容，从此以后，我都以此为戒。我以后再也没有这样"自作聪明"地拒绝过"只不过是价值200万"的生意。

顺便说一下，这个构思也很快引起了宝洁公司一些聪明人的关注。他们在若干年后推出了汰渍便携式去污笔。

我相信这本书的大部分读者都看过或者使用过这些神奇的汰渍去污笔。这就涉及另一个观点：聪明人很多，并不是只有您才可以想到新产品、业务或服务的构思。关键是我们需要迅速行动——在其他人行动前下手为强。

在视觉传播的帮助下成交

我们假设您已经采取了正确的步骤来证实您的构思定位良好，并具有财务可行性，但您仍需要想办法让其他人像您一样对这个构思充满激情。我制造一种假象，让人觉得这个构思已经存在并已经准备好推向市场。很简单，这就意味着通过实惠的视觉工具（例如：原型电视广告、网站登录页面、印刷广告及宣传册等）使您的构思变成现实。在这个时代里，动画编辑播放器、YouTube 及 Photoshop 可以毫不费力就使一个构思看起来像是已准备好投放市场。如果您负担得起，找一些年轻的平面设计师，让他们去制作这些东西。您会发现即便是老练的银行家和高层管理者也是消费者——他们已经厌倦透了 PowerPoint。用广告来震住他们，趁热加价，让他们乖乖掏出支票簿。

第七章

走 向 市 场

启动市场定位

启动一个新品牌、产品或服务可能是整个定位过程中最令人兴奋和最有成就感的。我在美国企业内外都做过这些工作，既做过品牌经理也做过企业家。我最近期的经验是与汤姆·威尔逊共同创建一家公司。他也是全脑思维团队的成员。我用这个例子来强调我是如何完全信服我在这本书中描述的定位过程。

我和汤姆已经认识超过 25 年了，而且我们一直都在合作做生意——事实上，我刚参加工作时是汤姆的下属，当时我们一起在金佰利公司工作。从一开始，我们就合作得非常好，不仅仅是因为我们的能力互补，还因为我们彼此忍让对方。我们都喜欢推销，而汤姆是真正地热爱推销。他也非常有政治头脑，而我却没有。正因为如此，他晋升为金佰利公司最重要的几个业务部门的总裁，而我却自己出来创业了。当汤姆在金佰利公司工作了二十余年，带着卓著成绩离开公司的时候，我们开始深入地交谈。我立即邀请他加入全脑思维公司；当然我们也开始闲聊起其他的创意思维方法。

　　汤姆在领导金佰利公司的成人护理产品部门工作时，曾聘请我担任过几年的咨询师，帮助对消费者保健产品进行定位。其中成绩最为显著的是"依赖牌"防护内衣，现在这个产品的业务量已经接近5亿美元。我为其他医疗保健产品公司所做的工作，包括雅培、斯奔科医疗、罗纳普朗克等，花费了大量的时间在三人组合会中与人们交谈有关保健的话题。我曾经计算过，我已经在三人组合会中与超过11000个人交谈过。我的背景，加上汤姆领导世界上最大型的保健和消费品业务之一所具有的广泛经验，使我们意识到,正如营销行话所说的,"我们具有核心竞争力"。我们只需要想好如何妥善地使用它。

我们关注到美国人口中处于我们这个年龄段(45岁至55岁)的人群与日俱增,大家要承担照顾亲人的职责。他们需要产品和服务来提供护理,他们通常有钱却没有时间。因此,我们开始发展一个提供送货上门的服务,将依赖牌失禁产品、恩素牌营养产品以及目前在像沃尔玛这样的零售店,或家庭护理商店出售的数千种其他类型的护理产品送货上门。

我们预感到我们真正的不同之处并不在于能将产品迅速和慎重地送到客户手中的能力,而在于我们拥有的保健产品知识,它能确保我们为顾客送去正确的产品。将正确的产品与需求相结合是保健产品的关键,因为用错了产品,后果不仅仅是损害身体,还会损害心理。事实上,心理影响非常重要,因为失败可能意味着损害病人的尊严以及造成护理者巨大的内疚感。

我们的商业运作方法反映出这本书讨论的所有事情,我真的是指每件事。我记得曾经告诉过汤姆,我不想做穿着蹩脚鞋的鞋匠。他同意。我们开始通过三人组合讨论分析定位方法,精密制定出定位后才开始品牌创建工作。

然后在全国范围用大量的护理者群体对我们的构思进行量化测试。我们预测销量、制定商业计划、募集了 100 万美元的资本。所有这些花费了一年时间加上我们自己的 10 万美元。我们在 2006 年低调启动了这项业务，在 2009 年 2 月的时候已接近收支平衡。在这个过程中，我们学到了有关执行一个构思的许多知识，也犯下一些错误。但我们在五年内建立 7500 万美元业务规模的目标是可以实现的，并且我们现在知道从营销和运营角度来看，什么才是起作用的。

　　如果您有机会，可以查看一下护理帮手（CareGiver Partnership）的网站，网址是 www. caregiverpartnership. com，您可以在上面找到"有尊严的家庭保健护理产品解决方案"。我们的业务并不依靠网络营销，但我们的网站销量却是日渐增长。汤姆在 56 岁的时候成了谷歌点击付费广告的专家。我们通过博客发布消息和推广公司，拥有电子报，还通过一个互联网追踪研究器每月追踪我们的净推荐分数（NPS）[1]以及其他 150 个测量指标。如果您不知道

---

　　① NPS 和净推荐分数是赛门客户体验管理公司、贝恩战略咨询公司及弗雷德·赖克赫德共同拥有的商标。欲了解更多有关 NPS 的信息，请参阅弗雷德·赖克赫德的书《最终问题：驾驭良好的利润和真正的增长》，或访问 www. netpromoter. com。

全脑思维

什么是 NPS,这有一个简单的例子:

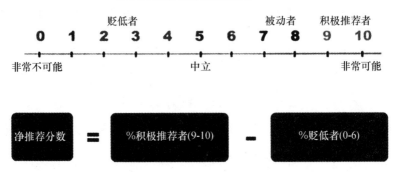

你可能会推荐给同事或朋友吗?

分数越高越好。护理帮手公司的 NPS 是 8.6 分。

大多数顾客都是通过电话找到我们的。每个电话都由我们话务中心(位于美国境内)严格筛选并严格培训过的女士接听(大多数护理者都是女士,因此她们希望和女士交谈,这是我们在三人组合会中学到的)。我们所有的话务员都是或者曾经是护理者,她们有大量的个人经验以及产品知识。我们并不因她们长话短说而给予奖励,相反是鼓励她们尽量与顾客多交流,有时候会长达三十分钟。这些专业人员会倾听,并给顾客提供免费的试用样品。这样做并不仅仅是为了确保顾客最终能够选择正确的产品,还因为我们想要建立顾客对护理帮手公司的信任。我们提供个性化的送货日程表,确保顾客永远不会缺少重要物品,这一服务被称作"永不缺少服务"。我们完成了以上所有事情,都是因为这才是对待顾客的正确方式——几近失传的艺术——通过无懈可击的客户服务,名副其实的"个性化关注",凸显我们的品牌优势。我们的顾客一般都是年长的人,我们承诺,他们可以期望获得20世纪50年代时的客户服务体验。他们知道我们的意思。

　　我为什么花这么多时间一直在讨论护理帮手公司的事情?这只是一个看起来相对无趣的生意,一个非常简单的营销和分销公司而已。这首先是为了表明我懂得实施定位的过程,其次我只是想表达,您应该对自己的生意充满激情。我承认自己真正喜爱的是前期的定位工作。我对整理我们销售的2000种产品的数据库和描述并不感兴趣,也不喜欢描写那些产品的网络广告或是制定邮件表、撰写直接邮件内容(第一封就是一次惨痛的教训)、校对星期天插入广告,更别提与汤姆讨论有关信用卡支付的编程问题。我做这些事情,是因为必须做,我非常感谢汤姆和林恩·威尔逊夫妇,他们为了管理护理帮手公司付出了辛勤的劳动。他们肩负了运营公司的大多数工作,而我只需权衡营销决策。

如果您不愿意处理执行过程中始终无法避免的乏味工作，无论您是企业家或是经营知名品牌企业的人，都终将失败。正如他们所说，魔鬼就隐藏在细节里，而其中一个重要细节就是将定位转换成广告和推广。以下是我学到的一些重要的经验和教训。

将您的定位转变成广告和推广活动

定位只有在转变为有效的客户交流时，才能够产生利润。记住，全脑思维公司的宗旨之一是"定位就是策划优秀广告和推广活动的路标"，这不仅仅是建议而已。如果您已经遵照我在本书中提出的几个步骤，您就已经经历过这个过程——您的顾客到底想要听到什么；如果他们被您的新构思说服了，他们希望以何种方式听到。在您的广告和推广交流中采用定位中的语言不是更合乎情理吗？当然是这样。但根据我的经验，这个转变过程需要谨慎的管理。

战略概要

整本书我都在鼓励您清楚地向您的业务团队,不管是内部还是外部的成员阐明您的目标。进行创意交流时,清晰的目标描述变得更加重要。这就是为什么我们会在全脑公司使用一种被称为"战略概要"的过渡性文件。

战略概要浓缩了三人组合会的结果,不损耗定位的重要元素,却赋予广告代理公司、推广公司、网站设计师、产品目录撰写者、产品开发人员,以及所有想帮助产品尽快投放市场的人创造的自由。当书面表达得正确,战略概要能汇聚能量。它会让您的创意伙伴执行构思,您专注运营并推动战略的实施。这是让大家都能够发挥才能的最好办法。

战略概要有六个部分,来自于您从三人组合会中学到的知识。它们是:

1. 目标受众

2. 洞察

3. 品牌/产品/服务战略

4. 定位描述

5. 定位支持

6. 语气和态度

1. 目标受众

在第二章中，我强调了在开始进入三人组合会以前，尽可能具体识别您的目标受众的重要性。现在，您已经完成了这个过程，是时候再看一下您的顾客的情况了。

战略概要中目标受众这一部分是创意人员在脑海中描绘的出发点。这要求小心地权衡——提供足够的详情，但不要过多，那会使您的目标受众骤减为几百人。当然也有例外，那就是在 B2B 的业务场合中，也许您的目标受众就是数百人。

在过去几年中我们完成了成百上千个定位项目，我可以用完成过的三个目标受众说明来阐述我的观点。

商学院的目标受众：

聘请商学院本科生和研究生的雇主

新型儿童绘画笔的目标受众：

四岁至十岁喜欢画画的儿童的父母。

B2B 成分产品原料的目标受众：

使用包装技术，并负责技术改良以期提升产品销量和利润的业务团队领导人。

2. 洞察

第二章中，我告诉过您全脑公司对洞察的操作定义："您的目标受众普遍持有的信念和行为，它与品牌、产品或服务相联系，并被独特地表述出来。"在三人组合会中，您听到了这个关于洞察的表述，并在您的定位描述中创造性地表达出来。

现在我们需要在战略概要中简要地将洞察描述出来。我们用消费者的观点来描述洞察，它始终表述如下：

对信念或行为的描述，如您在三人组合会中揭示的，与您正在解决的问题相关。

对解决方案的寄望。

我们继续研究这三个例子。以下是各个洞察的描述方式。

商学院的洞察：

商业世界是艰难的，几乎与商业本身一样难。仅仅掌握知识或获得信息是不够的——刚刚加入商界的人们必须掌握技巧，包括基本技能。我希望自己有办法确认接手工作的新人同时拥有专业和文化技能，并且能够马上胜任工作。

新型儿童绘画笔的洞察：

我喜欢我的孩子们有创意地表达自己。这是他们欢度时光的最好办法之一。但画画通常会弄得脏兮兮的，我讨厌搞卫生。我希望有一种不脏乱的画法，让我可以对画画说"没问题"。

B2B 或分产品原料的洞察：

如今因为要创新，我承受了不少压力。它几乎成了我们公司的咒语。我对产品和流程都有很好的了解，我也可以有创意，但有时候我的思维会停滞不前。我希望我的生意伙伴们能更多地帮我做一些创新方面的工作，或使我的构思更好一些，或告诉我他们自己想到的一些好主意。如果他们不仅是"思想家"，就更好了。

在定位的世界中，希望可以变为现实。您将在战略概要的下一个步骤中答复这些"希望"，这就是您的品牌/产品/服务战略。

3. 品牌/产品/服务战略

您的品牌、产品或服务的战略（为简单化，我们将它们简称为"品牌战略"）是用"左脑答案"来回应顾客的期望。它是支撑你整个机构思考的基石，而不仅是与创意团队商量时才用得上。当任何与您的品牌、产品或服务有关的构思出现时，我都喜欢参照品牌战略。我钦佩那些明白自己的品牌战略，并以它为根基来引导实践的企业。简而言之，企业用行动来支持战略，而定位将行动转变为销量。我经常遇到一些热衷于行动的企业。大家也很清楚在这些企业里人们的工作状态。他们从来就不回电话；他们总是为错过了期限而道歉，因为他们"忙着开会"；他们就像患有颈椎失稳症一样，总是不停地低头查看他们的黑莓手机，唯恐错过下一条重要的短信。下面我要讲一个真实的故事。

最近，我帮助一个中型企业制定了一份全面的使命/远景计划，这实际上是面向国内外顾客进行的企业定位。与我共事的高层领导人都非常聪明、友好。他们都很坦诚，并且重视友情，但他们有一些坏习惯，其中一个就是不断地发短信和电子邮件,查看手机。有一次在一个宁静、树木繁茂的地方开异地会议。休息时,我走到公司执行总裁那里,想征求他对这次会议的意见。他和我说:"请你稍等一会,我正给约翰(他的高级营销副总裁)回邮件呢! 他现在就需要答复。"我后退了一步,说:"约翰就站在那里,您为什么不直接过去告诉他呢?"这位总裁这时才把视线从黑莓手机里移开,沉思了好一会,意识到了他刚才说的话有多么荒谬,小声抱怨道:"我讨厌这些玩意,它们把我们的人性都给扭曲了。"他是对的。随后他坚持新的使命/远景描述中必须强调面对面人际交流的重要性。

我很清楚在当今社会要求人们面对面交流就好像推水过山峰一样艰难,因此我建议您正确制定战略概要中的"战略"部分。至少您随后可以用电子邮件、短信、推特、博客,或我们可以想到的任何方式把它发送给对您的业务有重要意义的人。

您的战略应该包含两个部分:

1. 您的品牌、产品或服务代表了什么?

2. 您是如何达到这一目的的。

回到那三个例子。

商学院的战略：

位于查塔努加市的田纳西大学商学院为学生立足商界提供最佳准备，并为商界培养最优秀的人才。田纳西大学的课程设置兼顾学术、商业文化训练和软技能培养；田纳西大学的学生一毕业就能为雇主提供更高的价值。

新型儿童绘画笔的战略：

新型的梦幻画笔是首款能让父母亲不再抗拒孩子画画要求的绘画产品。设计新颖，轻松掌控。孩子画画不再脏乱，让孩子们自由地创作，而又不会弄得脏兮兮的。

B2B 原料的战略：

Encapsys 是提供完整微型封装流程的第一品牌，广泛适用于各种化工产品，高超的工艺、艺术与科学的融合应用为我们的顾客提供解决方案、做成功的推助器。

所有这些战略在定义界限里为产品拓展留有余地。拓展可能是产品改良、产品线延伸，甚至是收购。无论如何运用，一个战略都应该具有持久性，就像您的定位一样。制定长期战略并坚持执行，有助于集中精力，成功不期而至。

4．定位描述

定位描述是战略概要的一部分。您可能猜我会说定位描述就是运用"右脑思维"来满足客户对洞察的期望。也许是这样，也许不是，这取决于您的创意团队的能力。

您的全面定位描述源自于我们在三人组合会中所做的艰苦工作——它既是战略思维，又是创造性思维结晶。全面的定位是与顾客一起制定的，用顾客自己的话来叙述他们的需要，这些语言能激发他们的购买欲望。

全面定位的标题和广告词就是吸引人们继续阅读的理由，或是对品牌定位的全方位生动概念。这就是您应该在战略概要中当作定位描述的东西。本质上，它是对满足顾客期望的一种创造性答复——但它未必就是最好的创意答复，因为它并不是针对撰写广告词这一特定目标而作的。那就是我们为广告代理或其他创意机构拟定战略概要的原因。

为什么这些标题或广告词就不能直接运用到广告里呢？为什么创意人员不能稍加润色以后，直接运用到电视、印刷、广播、直邮邮件或网络广告中去呢？的确，有些时候他们可以这样做；但您应该敦促他们做得更好。

　　创意人员的工作是提供战略沟通的突破性进展，在我的经验中，这种情况发生的概率约为十分之一。在其他时候，由于广告代理公司创意部门的人员普遍缺乏经商经验，加上广告公司的经理们不愿意让他们的创意团队承担"推销的角色"，您多半只能得到一些不实用的创意点子。很多时候，您为改善定位描述、量化其价值及将其转变为商业计划所做的努力，会被部分或全部忽略，除非您坚持不让这种情况发生。

　　如果您感觉创意诠释并没有围绕着商业战略展开，也没有根据您制定的战略概要来衡量创新产品，我鼓励您大胆地挑战它。因为除了您，没有人会这样做！记住，创意人员的心根本就不在销售上，而在创意上；在很多时候，创意是为广告同行和广告奖委员会服务的，是为了取悦他们。创意是为广告同行和广告奖委员会服务的，是为了取悦他们。创意人员在工作时希望获得周围人的认可，并对他们的创意天赋顶礼膜拜。而您却必须将您的产品卖出去来维持运营。因此，必须要让他们保持这个标准。说服他们！

　　话虽如此，定位描述是简单的。只需从您的定位概念

或概念版上提取出标题或广告词,再将它们插入即可。我们再来借用一下那三个例子:

大学商学院定位描述:

学术训练有素、商界经验足够。

新型儿童绘画笔的定位描述:

对画画说"没问题"。

B2B 成分产品原料的定位描述:

艺术和科学的完美结合,微型封装,制作精良。

5. 定位支持

三人组合会非常善于识别能够支持顾客下定决心购买一个品牌、产品或服务的主要特性。请记住第三章里与定位的三个"T"有关的内容——可见利益、事实依据、"那就是我"共鸣因素。这三个特性必须展现在广告和推广材料里,否则你所表达的信息就失去了稳固的根基。至于如何表现这些特性,就交由您的创意人员来决定,有时候可以通过电视广告中富有创意的视觉演绎,或是图片下面的文字。无论最终以何种方式演绎这些构思,只需确保把它们表现出来就好。为了完整地展现这些特性,您可能要做出一些牺牲和让步,如:特效、幽默或是其他有趣的制作技术等。从长远来说,这些内容的展现对您传播信息的表达至关重要。

如果您的产品会用盒子、罐子或纸板箱来包装,您应该想办法在这些容器上显示上述三大特性。您也应该想办法在包装上显现出定位主题。不知道为什么,现在营销经理越来越不关心这些,因为受设计人员的影响,他们不愿看到视觉创意的整体感遭破坏。你可能觉得我又要开始说教了。

再想想您经历过的发现构思精确表述的过程,它们让顾客们更积极地购买产品。如今您执行构思时,通常只是在包装上向外传达信息。为什么您现在会忘记这些重要的表述,却只是依赖包装设计来销售产品?您为什么不用您能信赖的表达方式来传达信息,它们都是经过严格开发、测试后令人信服的表述。让我们来分析一下设计人员追求的目标:他们希望自己的设计能够获奖、线条流畅整洁、色彩与众不同。而这些与您销售产品和养家糊口的目标可能有所冲突。

我有个建议。要坚持让您的设计团队把销售提议和主要特性加入包装设计中。给他们一个完整的战略概要,看看他们做出来的是什么。做出多个设计(最多六个)来代表保守、中庸和夸张的风格,并把这些设计在三人组合会结束的几日内就带回给顾客看看。要确保不同设计之间有足够的变化,让顾客能够看出差别。一般来说,这意味着要在包装平面设计的宏观构成元素上下功夫——商标、广告词的大小、广告词的位置,以及这些元素之间的相互平衡等。

在您的三人组合会中,尽量避免问一些迫使消费者回答"哪个最美"或"最受欢迎"的问题。相反,先向他们展示对新构思的定位,然后再问他们这些设计是否符合定位的要求。将各种设计中起作用的元素分离出来,根据您从每个三人组合会中学到的东西改善包装设计。您在不断改进包装设计的同时,也在为设计团队指引方向,使他们能在消费者意见的基础上完成最终设计。我的经验告诉我,这样的操作最大可能地规避了"设计至上",取而代之的是"销售至上",而这些都基于视觉交流,以及刺激消费者购买欲望的广告文案感染力。我大幅简化了这个过程,我会常常组织设计三人组合会。而做到这一切需要高超的掌控能力,要不然讨论很容易就沦为"我喜欢黄色"或"我大学的专业是美术"这类的讨论。我发现其实在包装设计方面,每个人都是专家!

好吧,我们回归到战略概要的第五个步骤支持定位上来。以下是我们每个例子的定位描述的支持依据:

大学商学院定位描述的支持依据:

1. 百强商学院之一。

2. 戴尔卡耐基和国际演讲会的综合能力培训。

3. 教授们与美国营销协会(AMA)、注册会计师协会(CPA)和金融理财师协会(CFP)专家有密切的专业联系。

新型儿童绘画笔定位描述的支持依据:

1. 奇妙的无脏乱画画方式。

2. 可水洗、即干。

3. 软画笔用慢回弹材料制成,用完后回到原状。

B2B 产品定位描述的支持依据:

1. 六十年的实践工艺。

2. 拥有 10 亿美元生意额的世界级产业领跑者。

3. 以顾客为中心的创新。

6．语气和方式

"别用这样的语气和我说话，年轻人。看你的父亲回家怎么收拾你！"我妈妈曾经这样告诉我，我马上意识到晚上可能要挨揍了，并知道我和妈妈说话的语气肯定惹恼了妈妈。所以，您在为您的品牌、产品或服务执行定位时所用的语气也会产生这样的影响。我还没有见过对语气或方式最好的定义。我经常看到这两点融合在战略概要的内容里。我们先看看以下三个例子中的语气和方式，然后再更深入地讨论这个概念

关于推销大学商学院的语气和方式：

交流的语气应该令人兴奋、有新闻价值及自信。交流方式应该强调领导力、创新力，以及听起来有商业头脑。

关于推销新型儿童绘画笔的语气和方式：

交流语气应该有趣、新颖。表达方式应是传达创造力。

关于推销 B2B 产品的语气和方式：

交流语气应该是自信的，富有创新意识的。表达方式应该诚实正直。

您可以把语气理解为您说话的用词，而您表达这些词

语的呈现形式就是方式。战略概要的这部分内容是解释性质的内容。不过,如果您已花时间经历过三人组合会议过程,并且积极参加的话,您能很容易判断出您的创意合作伙伴是否达到了您所界定的语气和方式的标准。如果您一看到他们的作品就感到由衷的高兴,您就会知道语气和方式都用对了,因为他们会情不自禁地表现出来。

投放的一些建议

我考虑过写更多关于定位执行的内容,或正如今天的术语所说的那样——"走向市场计划"。然而,我意识到这并不是我擅长的领域。我的合作伙伴更加适合这份工作,他们完全可以写自己的书! 我倒是对媒介选择有一些自己的独特看法,能够帮助您更好地与顾客群体进行交流。

我觉得许多营销者太热衷于追求新的传播技术。本质上我也不认为这有什么坏处,可我建议您在投入大笔预算和精力之前,搞懂您到底要干什么。例如,两年前热门的是"蜂鸣营销",这听上去好像是神乎其神的技术。蜂鸣营销者承诺会在大众群体中安插蜂鸣代理人,让他们大肆宣传我们的新产品,这样销量自然会大幅上升。我劝告我的一个客户在采用这个概念之前先进行测试,但这些经理们太过自以为是。坦白地说,他们真没什么经验,我根本阻止不了他们。

您知道他们最终得出什么结论吗?您无法一直愚弄所有人。

蜂鸣营销代理照理是要像普通人一样合群,他们会在美国境内各种非正式的谈话中与他人聊起委任给他们的各种构思。听起来不错,但它的成功依靠两种假设才能获得:

1. 蜂鸣代理足够聪明,能自然投入到谈话中。

2. 蜂鸣代理接受过足够的培训,能传达足够准确的定位,以造成影响。

以上两点在大多数时候都没有得到满足。当蜂鸣代理聊天的对象意识到自己受到蒙骗时,可能是因为谈话风格不妥或信息有误,他们不仅不会购买新品牌的产品,甚至会诋毁这些品牌。的确是如此,只要蜂鸣代理一张嘴,我们立刻就能看到销量负增长,无论怎么做都无法扭转这一举动的结果。这一品牌，我们就不提名字了，最终都因为这点和许多其他执行错误而没能成功。我想这可能是我见过的最差的定位实施了。

我还曾见过通过互联网博客进行的成功的蜂鸣营销方式，可我需要提醒您小心为上。有时候，这种行为会被批评为缺乏道德操守，尤其是当某些人在博客上想就身体状况寻求专业的医疗建议的时候；当然如果您讨论的是用哪种最好的狗粮喂养您娇惯的小狗，就另当别论。

我应该也要提提搜索引擎广告。它能起作用，并且作用挺大，但您得仔细学习才能了解它是如何起作用的。谷歌能够盈利是有很多原因的，我认为其中很大一部分原因是因为它有一大群使用按点击付费广告的客户。我的业务很大程度上也要依靠按点击付费广告来推广，我知道我的合作伙伴汤姆·威尔逊为了搞懂这类广告形式的原理花费了大量时间和精力。他不断监控并调整我们的努力方向，并使用谷歌提供的一个免费服务，以便优化我们的开支。他所做的努力都得到了回报，因为"护理帮手"的互联网销量每个月都呈两位数的百分比增长率。

因为我在大学教的学生们经常说我是老古董，我就专门建议你们这些年轻的营销者回头看看广播这种老式的媒介。在我的印象中，广播被营销者列入二等地位已经有很长一段时间了。我知道年轻的品牌经理都梦想着制作好莱坞风格的电视广告，可以与导演闲聊，并可以很威风地大喊"停拍"。相比起来，广播就显得落伍了；另外也很难写出强有力的广播广告词。但电台比电视广告便宜多了，它作为媒介的强项始终是高频率、高频率、更高的频率。在您的电视广告预算不足之后，电台广告还能继续并持续做到这点。

新的广播平台的涌现昭示着电台仍将继续成为富有活力的宣传媒介。美国卫星广播采纳了一种混搭的用户订制与广告营销模式，目前它已经在美国成功拥有超过 2500 万订户。声破天、iHeart Radio、潘多拉音乐盒等都提供音乐在线播放和收听定制。它们都成功获得了广告投放，或者都在试运行新的运营模式。

这些新的广播平台给市场营销人员提供了更大的精准广告投放空间。当信息采集与分析做得更加出色，那么广告投放就可以做得更加个性化，就如同听众自行创建他们的播放列表一样。

关于大数据的一些简单想法

我的儿子在美国查特努加市的田纳西大学念经济学。我之前很担心他的未来,因为我不确定他所学专业的就业前景。幸好,有一件大事发生了。市场营销人员开始搜集各种各样的数据,实际上,他们已经被这些海量的数据给淹没了。他们还给这种数据取了一个新的名字,叫做"大数据"。接着他们向经济学家们求助,希望他们能帮助研究这些大数据。我的儿子的未来算是有了保障。

我的工作本质上就是分析错综复杂的事情,用简洁的方式表述出来,并加上一些深度。很多人做不到这一点,他们被问题的复杂性所困扰,并在烦琐的细节中深陷泥潭。如果信息管用,那么更多的信息应该更加管用。

千万不要误解我。我同样重视信息的重要性。本书的许多章节都是围绕着市场研究展开的,而市场研究的核心就是数据分析。我所反对的是数据唯上,以为数据是决策的唯一依据,那是和全脑思维理论完全相违背的。

当经验、直觉,甚至是情感被倾注到数据中的时候,人们就能做出最完美的市场推广决策。我希望我在这本书中已经充分论证了这一点。可目前市场营销的发展潮流盲目迷信大数据，以为单凭大数据就能做出最好的营销决定。而很遗憾的是，运算法则、计算机模型和谷歌并没有办法将经验、直觉与情感倾注进数据分析，至少现阶段没有办法做到。

大数据应该作为一个新工具放进市场营销人员的工具盒，而不能完全取代原有的工具盒。

定位是无限的

在我 2012 年第一次访问中国的时候，我主要待在中国的南方城市广州，一座有着 1400 万人口的大城市。广州拥有一座由十所高校共同组成的大学城，那里有接近 12.5 万名学生。这个数字几乎是美国学生人数最多的大学的两倍。这的确是一个学生众多的地方，可它也是研究学生行为的有趣地点。

美国学生和中国学生在很多方面有着很大的差异，可在某一个层面他们是极其相似的。那就是他们都很珍爱自己的智能手机和平板电脑。这些电子产品是他们生活的重要部分，而不仅仅是偶尔与他人进行沟通互动的工具。

对美国学生来说，手机是最能便捷地为他们提供娱乐与资讯的高科技产品。这对中国学生来说也是如此。我对中美学生的观察也激发了一些有意思的全脑思考。

手机是全球发展最迅猛的媒介平台。可很遗憾的是，许多美国的媒体策划人员还是把手机看作一种可有可无的媒介。他们往往会先开发出传统媒体、社交媒体和互动媒体推广方案，而当还有剩余推广资金的时候，他们才会想到手机这个媒介。更糟糕的是，他们甚至将为其他媒介量身定做的推广方案硬生生地移植到手机媒介。这也是为什么在 YouTube 视频网站上有那么多的 30 秒广告，而这些广告原先是为电视媒介而制作的。这些 30 秒的广告往往只被观众浏览了 9 秒钟，因为 YouTube 视频网站允许观众在观看 9 秒钟广告以后跳过广告。那我们为什么就不能在一开始就开发 9 秒钟的广告呢？目前看来市场营销人员必须要在更短的时间内将品牌推广信息传播出去。这也就说明定位的 3T 法则和全脑思考者永远也不会过时。

如今市场营销人员必须要精准地理解品牌的定位,这个任务显得日益迫切。因为定位是推广的基础,有了准确的定位,人们才能开发出针对不同媒介的广告内容,让这些内容简洁明了却又有说服力。不管是怎样的媒介——传统媒体、社交媒体、电子媒体或者是手机媒体,有一样东西是维持不变的——人类会为内容买单。受众会受到激励去采取行动,前提是内容与受众的信念或行为相吻合并产生共鸣("那就是我"因素),同时内容也提供了实质性的好处(可见利益),而这些实质性内容能得到忠实地履行(事实依据)。

结束语(先说这么多吧)

这个课程的正文部分结束了。我写了成千上万字来解释定位。要知道在我念七年级的时候,我甚至为写一篇五百字的短文而头疼。我希望通过本书的内容能够和读者们分享我的朋友们耐心传授给我的知识。而在写这本书的过程中,我也对我从事的工作有了更加深入的理解。让我感到欣慰的是，我这辈子的工作都在同时运用战略思维和创造性思维，而这也恰好是全脑公司独特的竞争优势。

在下面几个补充的章节里，我将给大家找些乐子，并分享一些秘密。我希望您会喜欢行话这章内容，因为我们真的到了别把自己太当一回事的时候了。对完全厌倦了行话的人，我会给您一些建议，让您信心满满地进入美妙的咨询行业。

第八章

行话、行话、行话

五十个让您欢喜让您忧的营销术语

引用一位营销总监对他团队的讲话（我发誓大部分是真的）！

现在，我想伸手与每个人接触，这样我们就可以扶摇直上，得到五万英尺高度的视野了。我有一个大胆的要求，那就是使一个范例转换生效，以便更深入地探讨核心竞争力。随着时间的推移，我们将需要更深入地剖析品牌的 DNA。最终，我们需要应用最佳实践来实现以客户为中心。我想要提醒各位，你们要具备可选性，因为我们要建立亲密无间的同事合作关系。但是这不能阻止我们有行动的偏见。

队友们，让我们力求精准，积极主动并以结果为导向，这并不是无用功。坦白地说，如果我们找不到唾手可得的成功和可行动的目标，可能会导致战略调遣，这对我们中的有些人来说，会使职业受限制。我们可不想与猎头公司讨论我们的就业品牌（大笑）。

我们必须意识到有一些新的市场现实可能会导致较慢的有机增长。所以，请有目的地行动，如果你觉得你需要激励，那麻烦你们谨记，我可以让大家痛苦得死去活来，我说的可不是面包哦（哈哈哈）。

所以，今天我赋权于你进行 360 度全方位的营销思考，您知道这意味着什么。给我你的快速行动，新空间里的机会，滋养我们摇钱树的方法，我们也许应该重造和创新的东西，但我不想看到任何破坏的痕迹。一个月内我会回来，我们到时再来看看我们有哪些构思可以激活。

最后，我想给大家讲讲我们的业务拓展要更加全球化。推向全球并向中国扩张核心竞争力时，将采用一个振奋人心的规模优化计划。这个计划已经得到了很多关注，因此我们期望在 18 个月内成为一个虚拟公司。我非常高兴能领导该计划的实施，在今年剩下的时间里将向公司各部门传达信息！祝您好运！非常荣幸能与大家共事。

如果您坚持阅读到这里，也许您忍不住想笑或哭。我打赌所有公司营销者都能在此次动员演讲中看到一点自己的影子。

到底发生了什么，让我们在公司内外总说行话，交流不畅？我想我找到了几个答案，虽然其中有几个可能会伤害到我们营销者敏感又强烈的自尊心。请坦诚审视自己，看看是否其中某个原因对您适用。

1. 我们在竖一道防御网

不管在哪个公司，营销人员通常最易受到攻击。我们做的是一种软科学。他们在学校学了几个理论，但大多数人是在工作中掌握各种技巧的。如果您跟我一样幸运,在一家知名的消费品公司接受了良好培训,那么就很可能也会成为一位出色的营销者。有些营销传统(我喜欢这么称呼它们)非常简单,因为别人犯过错并给我们提供了经验。还有,对风险的担当也会造就优秀的营销者,我喜欢称之为有责任的冒险。每个人都认为自己可以成为营销者,尤其是广告文案撰稿人。因此我们经常受到各方批评,有时甚至受到毫无关联的人的批评。下面这个故事阐述了这个观点。

我曾任金佰利公司旗下一个小型子公司的营销总监。当时,我们被称为"战略性收购"公司,意思是其实我们并不适合收购我们的公司,但我们的某些技术可以被收购企业所利用。我们的销售额约为 3500 万美元,营业利润约为 600 万美元。从各方面来说都称不上是主力。

对于公司预算,我负责起草广告和促销计划,归根结底就是许多促销策略和商业销售奖励。我们的平面媒体广告预算有限,没有广电媒体经费,就算制作一条像样的电视广告也不可能。尽管如此,在预算会议上,一位财务经理提出将我们的经费花在"超级碗"插播广告中。刚开始我还以为她在开玩笑,没想到她是认真的。她不经意地越界到营销领域,想过一把创意瘾。我的老板,一个典型的公司里善于倾听的人,鼓励她稍后与我讨论这个问题,顺便把责任推到我这里。而我认为这是迄今为止听到的最无知的想法。

1988 年在"超级碗"中播放一条插播广告大约需要 100 万美元,相当于我的所有广告预算。在媒体业,您需要用"有效到达率"来最大程度提高到达率和出现频率。有效到达率指看到您的广告至少三次的目标受众数量。频率是关键,一个插播广告根本无法达到理想效果。加上我们公司销售约 600 种产品,共十二个类别,打一次"超级碗"商业广告意味着任何一个产品都覆盖不了。

当天我花了很多时间搜集为什么"超级碗"广告的想法不行的依据。有了大量成本数据和媒体事实,我原以为自己能迅速驳倒这种想法。但是没那么快。

于是我向这支热心的"超级碗团队"陈述了我的观点,这可是一支跨学科的精英团队,成员们都自以为是在真心帮助我。让人惊讶的是,他们一致认为我的想法不够创意,"将我们的品牌宣扬出去"正是这个商业广告的核心目的。就这个愚蠢想法展开的讨论持续了大约一个多星期，直到公司总裁最终否决，认为这个广告预算方案昂贵不划算，违背公司的核心战略。大家猜猜看，到底是谁被指责浪费了大家的时间？没错，那个倒霉蛋就是我。

我气炸了，于是重新温习了我的本科会计专业，然后花了六个月的时间刁难财务部的同仁。最后在休战的时候我总结说："我不会对你们如何分摊成本说三道四，你们也不能对我如何投放广告指手画脚。"

这个故事说明我们营销人员常常不得不使用一大堆行话来包装自己，以阻止圈外人进入我们的领地。我理解为什么这么做，只是希望我们不必如此。也许有一天，公司里大家能相互尊重和坦诚交流。这绝对可以节省时间和金钱。

2. 我们太把自己当回事

坦白地说，营销就是让一个人行动起来，不管是从货架上拿下产品还是给我们打电话。就是如此简单。虽然我坚信在品牌定位时要顾及消费者，但不相信过度思考、过度调查或者把营销流程过度复杂化。我们并不是在做脑科手术或钻研高深的火箭技术。

我认识的多数营销人员之所以被吸引到这个职业，是因为他们性格外向，都是优秀的推销员。他们喜欢创意性工作，比如做商业广告。我们没有进入工程、建筑、医学或法律行业，因为这些行业不适合我们的性格。此外，我们大概还觉得数学和科学有难度。这没有什么，许多医生都不擅长做生意和交流。世界上的第一颗原子弹就是在我生长的城市制造出来的，请您务必相信我的话，很多工程师和科学家们永远没有办法靠销售谋生。

那么，为什么我们营销人员总是从艰深的科学中借用词汇呢？我只能这样猜测，或是我们有自卑情节，或是想要让我们的技巧性科学变得像真正的科学一样复杂。我只遇到过一位懂 DNA 的营销者，因为她毕业于医学院。可是我们依然高谈阔论地讨论品牌 DNA、平台、体系结构、格式塔、全方位，或范式转换。我花了很长时间才了解范式的意思，既然已经了解，我无论如何不鼓励你说话时用"范式"一词。

各位，让我们别再自说自话，开始倾听客户的心声吧。这有助于巩固我们的品牌架构。

希望我没有冒犯到任何人，因为在我的职业生涯中在思考和行动时都曾有过这种情况。说话时很容易冒出行话。就像感冒，房间里的所有人都难以避免。我强烈建议大家聪明一点，创造轻松的谈话。

我在这里列出了最臭名昭著的 50 个营销术语，它们是从业界乐于与我分享其定义的朋友那里收集来的。

1. 360 度营销（360-degree marbeting）： 一个在您的营销组合的每个部分都实行的策略，包括广告、促销和公共关系。

2. 5 万英尺视图（50,000-foot view）： 只能从战略高度才可辨识的远景；通常留给营销总监或更高职位的人士。

3. 可执行的（Actionable）： 公司也许真正能实现的营销目标。

4. 贵在行动（Bias for action）： 爱好行动的企业会非常喜欢这一条。

5. 有幸的（Blessed）： 每个人都在业务中使用这个词，连上帝都烦了。请不要再用了！

6. 冒昧请求（Bold request）： 让某人做不可能的事。

7．品牌 DNA、品牌人类学、品牌架构（Brand DNA，brand anthropology，brand architecture）：渐渐进入营销业的伪科学胡话。

8．碎玻璃（Broken glass）：从一个公司收购某个产品，而该公司努力两年销售该产品无果。

9．由上至下传递信息（Cascade）：在公司内传播信息，"我将在部门内传阅该报告。"

10．财源（Cash cow）：旧称，指想要从中获得收入的品牌，以资助自己感兴趣的其他品牌。（我看过许多过早就尽量套利的好品牌，并非因为它们的利润很大，而是营销者对它们厌倦了。）

11．亲（Ching）：同事关系良好的气氛。

12．深思熟虑的（Choiceful）：合成词，指深刻思考自己的选择。

13．迂回或新版本、循环返回（Circle back，cycle back）：一般在需要推迟做决定，或之前的计划失败，需要重新考虑时经常听到这个词。

14．客户为本（Client focused）：对客户服务的一种新的表达方式，是现有经济大环境中一门缺失的艺术。

15．核心竞争力（Core competencies）：公司擅长做的事。多数公司会夸大自己的核心竞争力。

16．深潜（Deep dive）：当需要仔细研究某事时，只要这么说就足以让一些经理认为他们真的已经在这么做了。

17．雇主品牌（Employment brand）：这个词就是以下问题的答案："在您的公司工作是什么感受？"

18．赋权（Empower）：每次使命陈述中都出现的动词，但极少转化为行动。

19．格式塔（Gestalt）：一个涵盖一切意义的术语。咨询师每当没有答案时就用该词。

20．穷尽到颗粒状（Granular）：描述深潜到海底，研究一个想法直到最后。

21．直升（Helicopter up）：获得 5 万英尺图景的方式。

22．激励（Incentivize）：由名词转变而来的动词，把提供激励的想法化为行动。"我们如何激励销售人员？"

23．意向性（Intentionality）：行动意图。

24．镭射般（Laser focused）：注意力真正集中于某一问题或想法。

25．**小菜一碟（Low-hanging fruit）**：很明显，指容易成交的业务。当我听人说某个细分市场是小菜一碟，就是说他们认为自己可以轻易抓住这部分占有率，通常到后来才发现这部分业务看得见但摸不着。所以到现在还未被人抓住。很可能不得不"迂回"。

26．**从想法到市场（Mind to market）**：将想法变成你可以推销的东西。

27．**新的市场现实（New market realities）**：以前从未遇到过的事，用来解释为什么业务不佳。借口，都是借口。

28．**有机的（Organic）**：当一个公司没有新创意，或资金链断裂时的增长方式。

29．**范式、范式转换（Paradigm，paradigm shift）**：毫无价值！我无法忍受这些词，更不会定义它们。

30．**PITA（PITA）**：眼中钉，或者是当您未完成销售任务，您老板就成了让你讨厌的人。

31．**积分榜（Points on the board）**：一种由体育运动推广出来的隐喻——为了推动业务的发展而销售了某种产品或完成了某事。

32．前瞻性(Proactive)：在商业社会中每个人都希望自己能够具备的一项素质，而在很多情况下，具有前瞻性只说明某人运气足够好。

33．快速一击(Quick hit)：不用任何代价就有成果的行动。通常在季度或年度销售决定奖金时使用。

34．伸出援助之手(Reach out)：这个让我想吐的术语是从神职人员、心理学家和社会工作者处借用而来。这是"我要你的帮助"的一种消极攻击式说法。

35．再塑造(Re-engineering)：没有新想法时，再次利用旧想法。

36．以结果为导向(Results driven)：我们都应该是这样。请告诉我为什么还需要提醒这点！

37．丰富〔Richness(or rich)〕：其实不知道自己想要什么，却想要创意工作有结果。"我觉得这里还需要丰富一下。"

38．规模优化(Rightsizing)：指某人被解雇。

39．空间(产品空间、服务空间)〔Space(product space,service space)〕：最后的边界，品牌覆盖的竞争范围。"你们在哪个空间竞争？"

40. **战略（Strategery）**：不创造任何利润，但用 PPT 花费数小时给董事会展示的艺术。

41. **战略性再部署（Strategic redeployment）**：大概意思是您将离开公司总部的漂亮办公室，被派到奥马哈或韦恩堡。不是好消息。

42. **协同（Synergy）**：所得比各部分总和还要多的艺术。

43. **接洽（Touch base）**：简而言之，就是我来拜访您，为的是不让自己惹上麻烦。

44. **上马（Traction）**：能上马的想法是指要开始进行的想法。

45. **革新（Transformation）**：有时作为公司裁员的一个理由，通常是裁掉超过 50 岁的人。经常在新首席执行官上任时发生。

46. **透明（Transparency）**：无幕后动机和刻意隐瞒的内容。

47. **价值链、价值驱动因素、附加值（Value chain, value drivers, value-added）**：在许多其他词上添加"价值"一词（非实际价值）。

48．虚拟企业（Virtual corporation）:网络公司时代的一个常用词。虚拟企业真正赚到了钱,但实际上什么都没做。

49．双赢（Win-win）:不可能实现,商业中不会出现这样的情况。双赢实际上是双方妥协。

50．世界级（World-class）:各公司应慎用这个词。本意指传达世界（全球）性见解,但到底是哪个世界? 第三世界?

我还能继续说几百个这样的词。非常感谢那些能勇敢地把自己最喜欢的营销术语发给我的人。其实真的没必要使用它们,但有时候面对那些想要鱼目混珠当营销人员的人,它们就有用了。

对于那些认为营销技巧是每个人生来即已掌握,并且能够通过消费行为终生进行提升的人,希望这本书能给您很好的启发。对于想从事营销顾问工作的人来说,请继续阅读第八章,因为我在这章中打破了自己自 1991 年以来所从事的这一职业的一些神话。

第九章

您想做一名咨询师吗？

打破本行业的五个神话

最后一章特别重要。我保证本章会轻松简短，适合想从事咨询职业的人阅读。

作为一名独立咨询师，每天早晨我都感觉有点害怕和兴奋。我想，这是对风险适度的情感描述。这样的感觉并非从一开始就有。曾经，特别是在全脑思维公司刚起步的时候，我很害怕，特别是当我遇到的事连 MBA 教育和大公司的任职经验都不曾教我如何应对。例如，我并未料到需要精通每个我所服务的企业的应付账款体系。我花了很长一段时间才学会告诉客户，他们及时付款我才更有创意。最重要的经验教训是，您不能靠应收账款来养家，你需要的是现金！

如果您在考虑从大公司跳槽，那么我会说我这边更好，但有些短处您要能辨别。下面列出了我认为的咨询行业中几个神话。

1. 您将会赚很多钱

我在查塔努加市的田纳西大学开创业课程时，开场白是这样的："欢迎来到美国，在这里只要您有能耐，你想赚多少钱就能赚到多少钱。"请注意这句话中的用词，与其说是鼓励，还不如说是警示。有些人赚不到很多钱，我希望你不是这些人当中的一个。

我的经验是，咨询并非一个很赚钱的职业。把开销都算上，我与客户赚的钱差不多。自己开公司给我带来一些好处，如交税前可以冲销车和手机的费用。我获得许多无形的报酬，比如不用在没完没了的会议上浪费时间。我在家办公（强烈推荐这种方式），所以早上上班非常轻松。

我真的很幸运能找到一份别人愿意出钱，而自己擅长的工作。请注意我的态度："感恩"，建议每个人抱有这种态度。它在您业务低迷、客户发牢骚时，能让您振作起来。

2. 只有自己喜欢的工作，您才会关注

我希望您真的很喜欢推销，因为在开始的五年时间内，90％的工作都是推销，在随后五年时间内推销占 75％，第十至十五年内至少占 60％。如果无法推销，您就像 80％开咨询公司的人一样在第一年就以失败告终。

我酷爱推销，几乎没什么比让客户或消费者说"是"更有意义了。如果您不喜欢推销，可以学着喜欢。看到第一张支票进账时您就会开始喜欢了，会有一种前所未有的满足感，您会切实知道有人真的看重您的才华。

如果您不会推销，可以找一个会推销的合伙人，然后平分利润，因为不管您多有才华，合伙人的推销才华至少与您有着同样的价值。

3. 您的生活将更加平衡

既是又不是。在开始几年，您需要长时间工作。我曾

经常常告诉别人,咨询工作"给了我很多弹性,无时无刻不在工作的弹性!"如果您热爱自己所做的事,长时间工作对您没问题,但会影响您所爱的人。请提前让他们有心理准备。我真希望自己当初做到了这点。

有时任务非常紧迫,而有些时候却异常平静,清闲得几乎令您发疯,我曾经听过别人就是这样描述战争的。

随着时间的推移,如果您努力,咨询工作确实会变得更加平衡。我已形成高效的工作节奏,我已学会鉴别哪些任务和人会给我投入的时间带来最大回报。我还培养了自信心,就算报酬可观,也能拒绝令我感觉不好的任务。

4. 您可以选择与谁共事

同样,既是又不是。在做咨询业务的头几年,所有的活儿我都接,这帮助我制定出两条硬性规则。

（1）只与善良和有职业道德的人合作——因为人生太短暂。

（2）不接受鲶鱼客户。

在遭遇没有安全感、专爱折腾供应商和商贩的生意人之后,我开始运用第一条原则。他们发明了一套折腾供应商和商贩的高超手段。我非常痛恨"小贩"这个词。它将我的服务与公司自助餐厅承包人等同了起来。如果您不被视为或称为一个项目的合伙人，就请忘掉这个项目吧。这是简单的互相尊重问题。

我还遇到两三个客户，他们希望能从我的项目中拿到回扣，我立刻远离他们。我原以为这只有在有关暴徒的电影中才会发生，但很不幸在现实世界中也会发生。我需要他们给的项目，可我最终选择拒绝了他们。因为母亲曾经教育过我，近朱者赤，近墨者黑。

第二条规则，"不接受鲶鱼客户"，这适用于业务萧条之时。商业中，鲶鱼客户指最底层客户，淡季时您可能会不自主地想从这些 C、D、F 级客户手中获得工作。您会急切地想帮忙，可能会将服务打折扣并过度承诺。我知道，所有这些事我都做过。鲶鱼客户容易辨别。他们的目标不清，甚至是毫无目标，问题也比您事先想象的更复杂，付钱较慢甚至是拒不付款。而且，在项目结束时，由于业务模式和项目目标较弱，他们经常会感到失望。根据我的经验，通常他们的失望一部分是咨询师的责任，因为您过度承诺以获得自以为需要的这个业务。经常发生在我身上的事情是，我接纳了一位鲶鱼客户，接着就会出现一位大客户。到最后，我会很怨恨鲶鱼客户，因为他们花去了我宝贵的可以用来挣钱的时间。

现在，我非常幸运地能与重视我的努力和才华的客户合作，这样的客户大约有 70 位。我并非每年与每个客户都有合作，但是当他们涉及定位项目时，就会主动找我。我大约花了 12 年时间来建立这个老主顾网络，我非常感谢他们的忠诚。

5. 鼓励您追随梦想的人将成为您的第一位客户

在我考虑自己创业时，一些朋友和同事给予我很多鼓励，让我觉得不能让他们失望，所以跳槽了。因为他们当中有许多是决策者，轻易就能给我一两个项目，我以为马上就会有需要的业务。事实并非如此。

友好支持与愿意冒着损害自己职业生涯的风险与没经验的新公司合作有很大不同。但是，渐渐地，鼓励过我的这些人确实成为了我的客户，不仅仅是因为喜欢我，而是因为到那时候我已有成功案例，这是创业人的唯一依靠。推销、推销，还是推销！

最后的一些想法

也许我能提出许多更有价值的建议，但我已承诺让本章简短。写这本书时，经济非常低迷，我的许多客户（特别是年轻客户）都"不知所措"。我的经验是，这种恐惧（特别在商界）并非是具有生产力的情绪。许多"不知所措"的人都会遭遇挫败。

困难时期也许看起来不像开始咨询工作的最佳时期，但对于某些人而言，这将是唯一选择。我建议您试一试。也许可以使用本书中的一些方法给自己定位，使自己对成功充满渴望。我从没后悔过大约 20 年前做的决定，也从未想过真的能写一本关于全脑思维的书。我很高兴这么做了并希望您也是！

鸣　谢

在许多亲朋好友的慷慨帮助下，我得以实现职业理想和个人的目标。我想借此机会隆重地感谢以下六位。

沃尔特·佩里斯——我所认识的最优秀的作家，是他让我明白想把事情变简单，就需要付出艰辛的劳动。

罗恩·纳尔逊——我的调研导师，是他让我铭记"市场调研"里的第一个词是"市场"，他也同时劝诫我"不要本末倒置"。

焦尔达·达维多维茨——被圈内人誉为"商业策划奇才"，是他教会我如何甄别洞察力，并鼓励我将市场定位做得更加完善和深入。

汤姆·威尔逊——我的合作伙伴，同时也是世界上最好的推销员，是他让我明白"持之以恒甚至是蛮不讲理的坚持"将会带领我们渡过难关。

　　杜慧贞博士,她是我在中国开展全脑思维推广的第一位工作伙伴。她的专业素养、善良的品质,以及无与伦比的耐心都让我深刻感受到中国的伟大与神奇。

　　最重要的一位就是我的妻子罗斯,无论发生任何事情,她始终都在我的身边不离不弃。我每天都在感谢上苍,让这样一个女人一直陪伴着我。